D1686922

DIE KRAFTÜBERTRAGUNG IM AUTOMOBIL

DAS GETRIEBE: SEINE TECHNIK UND FUNKTION

W. THOMSON

Die Kraftübertragung im Automobil

MOTORBUCH VERLAG STUTTGART

Einband und Schutzumschlag: Siegfried Horn, unter Verwendung einer Zeichnung der Daimler Benz AG.

Copyright © 1973 by Pitman and Sons LTD, London. Die englische Ausgabe ist dort erschienen unter dem Titel »Fundamentals of Automotive Transmissions«
Die Übersetzung ins Deutsche besorgte Günther Görtz

ISBN 3-87943-379-8

1. Auflage 1975
Copyright © by Motorbuch Verlag, 7 Stuttgart 1, Postfach 1370
Eine Abteilung des Buch- und Verlagshauses Paul Pietsch GmbH & Co. KG.
Sämtliche Rechte der Verbreitung in deutscher Sprache — in jeglicher Form und Technik — sind vorbehalten.
Satz und Druck: A. Oelschlägersche Buchdruckerei GmbH, Calw.
Bindung: Idupa GmbH, 7311 Brucken/Teck.
Printed in Germany

INHALTSVERZEICHNIS

Einleitung	7
1 Über den Antrieb der Kraftfahrzeuge	10
2 Anordnung der Baugruppen im Fahrwerk	16
3 Verbindungs- und Übertragungselemente	21
4 Reibungskupplungen	26
5 Elektromagnet-Kupplungen	34
6 Flüssigkeitskupplungen	36
7 Stufenlose Kraftübertragungen	41
8 Wechselgetriebe	47
9 Synchronisiertes Schalten	61
10 Der »Overdrive« — ein britisches Kuriosum	70
11 Grundlegendes zum Planetengetriebe	75
12 Vorgeschalteter Planeten-Overdrive (Dauphine)	81
13 Laycock-Overdrive hinter dem Getriebe	83
14 Laycock-Overdrive mit zweistufigem Planetensatz	86
15 Borg-Warner-Overdrive	88
16 Der hydraulische Drehmomentwandler	90
17 Planetengetriebe	103
18 Halbautomatische Kraftübertragungen	113
19 Grundsätzliches über die Vollautomaten	118
20 DAF-Variomatic-Kraftübertragung	121
21 Borg-Warner-Automatik	130
22 General-Motors-Automatik	139
23 Automatik für Quermotor: Kegelradautomat der BLMC	147
24 Die Kegelradautomatik für konventionelle Antriebskonzepte	156
25 Hydrostatische Antriebe	161
26 Alternative Antriebssysteme	164
Ausblicke	168

Als Leistungseinheit wird seit kurzem auch für Kfz-Motoren das Kilowatt verwendet.
1 DIN-PS = 736 W (Watt) = 0,736 kW (Kilowatt)

Einleitung

Nicht jeder, der sich mit seinem Auto auskennt und weiß, wie sein Motor funktioniert, kann sich ein Bild davon machen, wie dessen Kraft an die getriebenen Räder weitergeleitet wird. Denn dieser Vorgang ist nicht ganz einfach und spielt sich weitgehend im Verborgenen ab. Wir wissen zwar, daß der Motor sein Kraftstoffgemisch in der Regel vom Vergaser bezieht und daß da eine Zündanlage ist, deren Kontakte saubergehalten werden müssen, damit der Wagen läuft. Aber was sich im unzugänglichen Bereich des Mitteltunnels oder unter Abdeckblechen tut, wenn wir den Schalthebel von einem Gang in den anderen bewegen, das mag manch einem ein Buch mit sieben Siegeln sein.

Wenngleich wir mit dieser Dokumentation in erster Linie den Techniker und den Werkstattmann ansprechen möchten, zu deren Aufgaben es gehört, die Materie, mit der sie täglich arbeiten, in ihren Zusammenhängen zu verstehen, so glauben wir doch, daß auch manch ein ziviler Autobesitzer sich für eine klare und übersichtliche Darstellung der Kraftübertragungen interessieren wird.

Es war die Absicht des Autors, den an sich trockenen Stoff in eine flüssige Form zu bringen und dabei ein möglichst umfassendes Bild der vielschichtigen Übertragungsprobleme zu vermitteln. Wenn auch versucht wurde, eine zu theoretische Behandlung des Themas zu vermeiden, so mußten doch genügend technische Grundlagen dargelegt werden, um Ursachen und Wirkungen verstehen zu können. Denn nur wenn wir die Charakteristik des Verbrennungsmotors und die Zugkraftverhältnisse am Rad kennen, begreifen wir die Notwendigkeit von Kupplungen für das Anfahren und den Gangwechsel, erkennen wir den Sinn eines Getriebes mit variablen Übersetzungen.

Mit den üblichen Konstruktionszeichnungen, wie sie von Profis hergestellt und benutzt werden, konnten wir hier nichts anfangen. Wir mußten vielmehr die Illustrationen dieses Buches speziell anfertigen, damit sie nur das aussagen, was im jeweiligen Text gerade erläutert werden soll. So waren in diesen Zeichnungen alle Schrauben, Muttern, Dichtungen, ja auch alle Wälzlager um der Übersichtlichkeit willen entbehrlich. Teile, die normalerweise verschweißt, verschraubt, verkeilt oder sonstwie drehfest verbunden sind, werden als ein Stück dargestellt. Was frei aufeinander rotieren kann, ist mit deutlichem Spiel zwischen Welle und Nabe gezeichnet. Im Interesse der Klarheit und Einfachheit haben wir auf Details verzichtet, die für Montage und praktischen Einsatz selbstverständlich notwendig sind.

Von mathematischen Formeln haben wir uns so weit wie möglich distanziert; sofern sie z. B. für die Übersetzungsverhältnisse der Planetenradsätze unumgänglich waren, erscheinen sie zwar, stören jedoch kaum den Textfluß für denjenigen, der mit der Mathematik nichts im Sinn hat.

Natürlich ist dies kein Buch, das man unbedingt in einem Stück durchliest. Deshalb haben wir die einzelnen Abschnitte weitgehend selbständig abgefaßt, und man muß kaum zur Orientierung zurückblättern. Zur Erleichterung sind die behandelten Themen so aufgebaut, daß mit den einfachsten mechanischen Systemen begonnen und schrittweise zu den komplizierteren automatisierten Aggregaten übergeleitet wird. In einem vernünftigen Maß wird auch der theoretische Zusammenhang erörtert, wo immer es das Verständnis der beschriebenen Vorgänge oder Mechanismen erfordert. Wie in den Abbildungen, so haben wir auch im Text auf praktische Details verzichtet, die nichts Wesentliches zur Vermittlung der Arbeitsweise eines Gerätes beitragen können. Hinweise auf Montage, Wartung und Einstellvorgänge haben wir getrost den Reparaturleitfäden überlassen.

Die Kraftübertragung hat im Lauf der Jahre einen ganz festen Platz innerhalb der Konstruktions- und Entwicklungsprogramme der Kraftfahrzeugindustrie eingenommen. Verständlich, daß wir aus der Fülle der Erfindungen und der hervorgebrachten Lösungen nur diejenigen herausgreifen und beschreiben konnten, die entweder bis heute überlebt haben, oder die zwar nach Anfangserfolgen wieder verschwanden, die aber so wichtige Funktionsmerkmale aufweisen, daß man auf ihre Wiedergeburt hoffen darf, wenn neue Werkstoffe und Technologien dies ermöglichen. Wir haben es bewußt vermieden, alle diejenigen Herstellernamen zu nennen, die möglicherweise Getriebeelemente des gleichen Arbeitsprinzips oder Kraftübertragungen desselben Zulieferers verwenden. Wenn wir in diesem Buch überhaupt Bezug auf irgendwelche Firmen oder Marken genommen haben, so deshalb, weil das bezeichnete Aggregat eng mit diesem Namen verbunden ist oder gar mit ihm identifiziert wird.

Die in diesem Werk zusammengetragenen Daten und Angaben entstammen einer Anzahl verschiedener Quellen, so der englischen Publikation »Proceedings of the Institution of Mechanical Engineers«, der Fachpresse, Werkstatthandbüchern, persönlicher Erfahrung, eigenen Manuskripten für Referate des Autors, sowie Gesprächen mit Benutzern und Herstellern der angeführten Getriebeelemente. Der Autor dankt allen Beteiligten für ihre Unterstützung und für Ideen zur Bearbeitung der Themen dieses Buches. Sein besonderer Dank gilt folgenden Unternehmen:

THE AUTOMOTIVE PRODUCTS GROUP
BORG-WARNER LTD.
DAF MOTORS (GB) LTD.
GENERAL MOTORS LTD.
LAYCOCK ENGINEERING LTD.
SELF-CHANGING GEARS LTD.
TURNER MANUFACTURING LTD.

1. Über den Antrieb der Kraftfahrzeuge

Was wir als »Fahrzeug mit Eigenantrieb«, »Automobil« oder ganz einfach als »Auto« bezeichnen, wird üblicherweise durch die Schubkräfte fortbewegt, welche die Reifen auf die Straßenoberfläche ausüben. Nun sind aber die maximal übertragbaren Schubkräfte abhängig von der Reibung zwischen Rad und Straße, und dort, wo sie ihren Grenzwert erreichen, beginnt das Rad durchzurutschen. Man konstruierte deshalb auch Fahrzeuge, die ihren Vortrieb von Luftschrauben, Raketen oder Düsentriebwerken erhielten, also nicht über Räder und Fahrbahnreibung. Doch der Vorteil außerordentlich großer realisierbarer Schubkräfte und hoher Beschleunigung und Fahrgeschwindigkeit wurde mit sehr lästigen, ja gefährlichen Nebenwirkungen erkauft, die auf die enormen freiwerdenden Bewegungs- und Wärmeenergien solcher Aggregate zurückzuführen sind. Und so blieb es denn dabei, daß Straßenverkehrsmittel ihren Vortrieb auch weiterhin über Rad und Fahrbahn erhalten müssen.

WIDERSTÄNDE GEGEN DIE FORTBEWEGUNG

Wieviel Vortriebskraft an den Rädern eines Fahrzeugs benötigt wird, ist abhängig von der jeweils gewünschten Beschleunigung, der gerade zu erklimmenden Steigung und den Fahrwiderständen, die es zu überwinden gilt. Beschleunigungs- und Steigungs-Schubkräfte sind leicht überschaubar und einfach zu errechnen. Etwas komplizierter wird es dagegen mit den Fahrwiderständen, die sich während der Fahrt in weiten Grenzen verändern. Von wesentlichem Einfluß auf die Fahrwiderstände sind z. B. das Walken der Reifen beim Abrollen, die Unebenheiten der Fahrbahn und die Luftverwirbelung, die das Fahrzeug bei seiner Bewegung verursacht.
Jeder Radfahrer weiß recht gut, daß hart aufgepumpte Reifen mit ihrer geringen elastischen Verformung das Treten erleichtern. Er weiß auch, daß eine feste, ebene Straße weit leichter zu befahren ist als ein sandiger oder matschiger Weg, in den sich die Reifen tief eingraben. Sogar die Auswirkung des Luftwiderstandes, dessentwegen er sich tief nach vorn beugt,

ist ihm nicht unbekannt. Denn die Luftverwirbelung und der aus ihr erwachsende Widerstand hängt von Größe, Form und Tempo des bewegten Körpers ab. Am meisten beachtet wird der Luftwiderstand deshalb im Flugzeugbau, für den hohe Geschwindigkeiten eine große Rolle spielen; doch auch auf der Erde bedeutet er einen Faktor, mit dem man im schnellen Straßenverkehr sehr wohl zu rechnen hat.

Es verwundert niemanden, daß ein schwerer Lastwagen mit seiner ausgedehnten, stumpfen Stirnfläche einen größeren Luftwiderstand hat als ein kleinerer Personenwagen. Weniger offenkundig dagegen ist, daß unser Auto schon eine nahezu ideale Stromlinienform besitzen müßte, um nicht bei hohem Reisetempo ganz beträchtliche Energien für die Kompensation der Luftverwirbelung aufbringen zu müssen. Der Lastwagen mit stumpfer Front nach Abb. 1.1 erzeugt enorme Turbulenzen um sich herum, und die

Abb. 1.1 Wirbelbildung beim Lastwagen

dafür notwendige Energie muß der Motor hergeben. Und schon die Wirbel, die eine Mittelklasse-Limousine hervorruft, müssen bei 110 oder 115 km/h Geschwindigkeit mit wenigstens 20 PS bezahlt werden. Luftwirbel entstehen an allen drei Seiten der Außenkontur unserer Karosserie, doch selbst die Störeinflüsse, die an der Unterseite von austretender Kühlluft, hervorstehenden Fahrwerksteilen, Rädern, Radkästen, Auspuffleitung und unebenen Bodengruppen verursacht werden, machen noch genügend Kopfschmerzen.

Wo moderne Formgebung — wie z. B. bei dem Wagen in Abb. 1.2 — die Strömungsverluste in Grenzen hält, wird leider auch der verfügbare Fahrgastraum beschnitten. Es ist auch gar nicht einfach, in der Draufsicht zu

Abb. 1.2 Wirbelbildung bei einem strömungsgünstigen Pkw

strömungsgünstigen Linien zu kommen, weil das Heck im Idealfall so lang und spitz auslaufen müßte, daß das Auto leicht um die Hälfte länger würde. So etwas ist für den Straßenverkehr natürlich ungeeignet, und deshalb bleibt die Luftverwirbelung eine Störgröße, die wir wohl oder übel mit entsprechender Leistung zu kompensieren haben.

KRAFT, DREHMOMENT UND LEISTUNG

Die Schubkraft, die zwischen Reifen und Fahrbahn zur Wirkung kommt, um die verschiedenen Fahrwiderstände zu überwinden, ist proportional dem Drehmoment, das vom Motor über das Getriebe an die Antriebswellen gelangt. Die Abb. 1.3 veranschaulicht diese Beziehung: Das benötigte

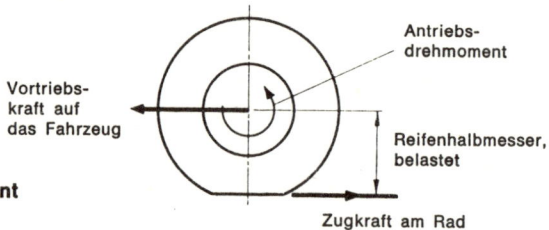

Abb. 1.3 Zugkräfte, Antriebsmoment und wirksamer Halbmesser

Drehmoment in der Antriebsachse ist gleich der erforderlichen Schubkraft, multipliziert mit dem Rollradius des belasteten Reifens. Die Leistung, die nun dafür gebraucht wird, ist wiederum abhängig von der Wellendrehzahl, bei welcher das Drehmoment übertragen wird. Die notwendige Leistung — das drehzahlbezogene Drehmoment — muß der Motor liefern, der außerdem alle Reibungsverluste in der Kraftübertragung abzudecken hat. Die Tatsache, daß die Leistung dem Produkt aus Drehmoment und Drehzahl direkt proportional ist, gibt uns die Möglichkeit, in einem ziemlich weiten Rahmen aus der verfügbaren Motorleistung jeweils das Beste zu machen: große Kraft bei kleiner oder kleine Kraft bei großer Drehzahl.

Eine gegebene Vortriebsleistung läßt sich aus einem kleinvolumigen, aber schnellaufenden Motor ebenso holen wie aus einem großen Langsamläufer. In der Regel bemüht man sich um kompakte Abmessungen und geringes Gewicht der Antriebsmaschine, und so wird seine schnell umlaufende Kurbelwelle sich vermutlich um ein Mehrfaches schneller drehen, als es an den Rädern verkraftet werden kann. Um wieviel, das wollen wir uns später genauer ansehen.

DIE ANTRIEBSAGGREGATE

Im Laufe der Zeit hat man viele Antriebsquellen im Kraftfahrzeug erprobt, und doch blieb bislang der Verbrennungsmotor in seinen unterschiedlichen Bauformen mit Abstand führend. Und jahrzehntelang haben sich auch die Hubkolbenmotoren mit Fremd- oder Eigenzündung, also die Otto- und Dieselmotoren, als uneingeschränkte Favoriten behaupten können. Sie werden es voraussichtlich auch im Wettstreit mit Kreiskolben- und Gasturbinentriebwerken noch lange Zeit bleiben, obgleich diese zwei für besondere Anwendungsfälle an Raum gewonnen haben. Kolbenmotoren, Rotationstriebwerke und Gasturbinen können aufgrund ihrer Arbeitsverfahren aber erst ab einem gewissen Drehzahlniveau Leistung abgeben und erfordern somit entsprechend aufwendige Kraftübertragungen. Dampf- und Elektroantriebe hätten es hier leichter. Ihren diversen Vorzügen stehen aber so schwerwiegende Nachteile gegenüber, daß sie vorerst für den Kraftfahrzeugantrieb kaum infrage kommen.

KOLBENMOTOREN

Sie haben sich als zuverlässig und dauerhaft erwiesen, ihre Wirkungsgrade sind akzeptabel, und die Kraftstoffe, die sie brauchen, sind nahezu überall erhältlich. Ihre Herstellkosten bleiben in recht vernünftigen Grenzen, und der Durchschnittsfahrer hat kaum Probleme, die Leistung eines modernen Hubkolbenmotors zu nutzen und zu kontrollieren. Mit seinen Nachteilen hat man sich abgefunden: mit dem erwähnten Mangel an Leistung bei niedrigen Drehzahlen, und mit der Notwendigkeit, ihn mit Hilfe fremder Energie in Gang zu setzen. Ein solcher Motor benötigt nun einmal eine Füllung seiner Zylinder mit Kraftstoff-Luft-Gemisch und deren Verbrennung, um arbeiten zu können. Und um es anzusaugen, muß die Kurbelwelle von außen her ein paarmal gedreht werden.
Bei nahezu allen Automobilmotoren saugt der herabgehende Kolben das Gemisch unter normalem atmosphärischem Druck in den Zylinder. Im unteren Drehzahlbereich ist die pro Minute angesaugte Gasmenge so gering, daß nur eine minimale Leistung abgegeben wird. Mit steigender Kurbelwellendrehzahl wird auch das verarbeitete Gasvolumen größer und

sorgt – wie es die Abb. 1.4 zeigt – für eine etwa linear zunehmende Leistung. Der hier dargestellte Motor gibt unterhalb 1000 U/min kaum nutzbare Leistung ab und erreicht sein Maximum bei knapp über 5000 U/min. Darüber aber beginnt er an »Atemnot« zu leiden: Für die ausreichende Füllung des Zylinders bleibt wegen der kurzen Ventilöffnungsdauer nicht mehr die Zeit, das verarbeitete Gasvolumen nimmt ab, die Leistung sinkt wieder.

Wenngleich ein Motor im Straßenverkehr nicht dauernd seine Höchstleistung abzugeben braucht, so soll sie doch dem Fahrer bei Bedarf über einen möglichst weiten Geschwindigkeitsbereich zur Verfügung stehen.

DREHZAHL-ÜBERSETZUNGEN

Der Motor nach Abb. 1.4 müßte vermutlich seine Höchstleistung in der Ebene bei etwa 140 km/h Fahrgeschwindigkeit abgeben und dabei vier- bis fünfmal so schnell drehen wie die Antriebsräder. Andererseits wäre für steile Paßstraßen, auf denen der Wagen mit hoher Vortriebskraft aufwärtsbewegt werden muß, eine Übersetzung erforderlich, die den Motor vielleicht dreizehn- oder vierzehnmal so schnell drehen läßt wie die Räder. In diesem Fall wird die verfügbare Leistung in ein hohes Drehmoment in der Antriebswelle umgewandelt, und man muß mit wesentlich geringerem Tempo vorliebnehmen.

Zwischen diesen Grenzfällen liegt eine große Bandbreite von Fahrzuständen, bei welchen der Wagen mehr oder weniger große Steigungen überwinden oder zügig beschleunigt werden soll. Der Fahrer kann nun aus den

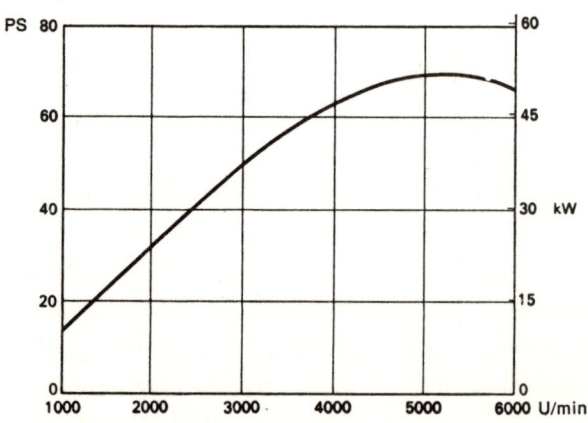

Abb. 1.4 Die Leistung über der Drehzahl des Motors

angebotenen Getriebeübersetzungen die jeweils zweckmäßige auswählen. Genauso sorgen im Falle einer automatischen Kraftübertragung die eingeschalteten Steuerorgane für die Wahl der passenden Übersetzung.

ANFAHREN AUS DEM STAND

Doch es muß nicht nur eine ausreichende Anzahl Übersetzungen zur Verfügung stehen: Der Kraftfluß vom Motor zur Antriebsachse soll auch unterbrochen werden können, um den Motor anzulassen, und zum Anfahren muß er angenehm weich eingekuppelt werden. Das Zusammenbringen eines stillstehenden mit einem rotierenden Übertragungselement kann eine ziemlich brutale Angelegenheit sein, und so gibt es naturgemäß verschiedene Auffassungen darüber, wie man es technisch am saubersten löst. In den Kapiteln 4, 5 und 6 wird von einer Reihe von Kupplungen die Rede sein, die man zu diesem Zweck einsetzt oder doch einmal eingesetzt hat.

TRIEBWERKE ZUR AUSWAHL

Wir werden im Kapitel 26 auf einige andere, alternative Antriebsmaschinen zu sprechen kommen, die für den Straßenverkehr an sich reizvolle Eigenschaften aufweisen, deren Verwendung jedoch aus verschiedenen Gründen weder in naher noch in fernerer Zukunft zu erwarten ist. Aller Voraussicht nach werden Hub- und Rotationskolbenmotoren und allenfalls Turbinen noch für lange Zeit die Straßenfahrzeuge antreiben. Sie aber werden stets Kupplungen zum Anfahren benötigen, Schaltgetriebe mit mehreren Gängen, um das vom Motor angebotene Drehmoment den Betriebsbedingungen anzupassen, und eine Achsübersetzung ins Langsame, die der Kurbelwelle auch im großen Gang eine optimale Drehzahl erlaubt, eine Drehzahl, die in jedem Fall ein Mehrfaches der Raddrehzahl ausmacht.
Aus Gründen der Fertigung, der Gewichtsverteilung oder der Raumverhältnisse können diese Aggregate auf mancherlei Weise im Fahrwerk angeordnet sein. Wir werden gleich einige der gängigen Bauarten näher betrachten.

2. Anordnung der Baugruppen im Fahrwerk

Ein Layout wie das in Abb. 2.1 wird zumeist als traditionell oder konventionell bezeichnet, weil es früher einmal fast ausschließlich vorherrschte. Der Motor nahm den Raum zwischen den Vorderrädern ein, in dem angesichts schmaler Spur und großer Räder ohnehin wenig anderes unterzubringen war. Damit hatte die Kühlluft direkten Zutritt zum Motorraum, und an den einzelnen, getrennt angeordneten Baugruppen ließ sich gut hantieren. Das Wechselgetriebe legte man gern dorthin, wo der Handschalthebel unmittelbar aus ihm hervorwachsen konnte; das ergab auch eine günstige Unterteilung des vom Motor zur Hinterachse führenden Wellenstranges: Keiner der beiden Teile wurde ungebührlich lang.

Zuweilen wurde die Kardanwelle von einem fest mit der Hinterachse verbundenen Rohr umgeben. Es bewirkte, daß nur noch eines statt zwei der so reparaturanfälligen Kardangelenke nötig war. Überdies benutzte man das Rohr zur axialen Aufnahme des Antriebsmoments, also zur Entlastung

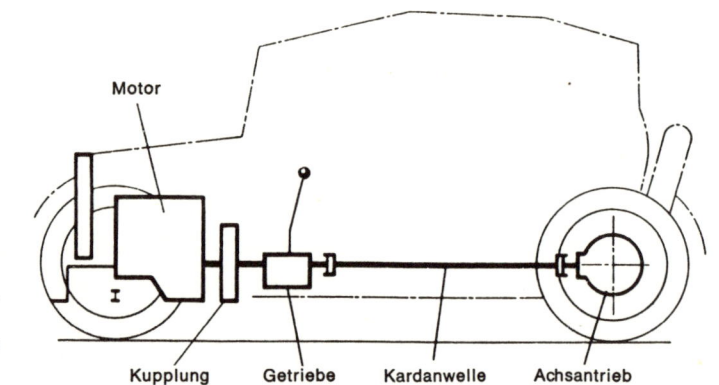

Abb. 2.1 Anordnung der Antriebsaggregate in der Frühzeit, getrennte Einheiten

der Hinterradaufhängungen. Nachteilig war dabei, daß ein einzelnes Kardangelenk stets eine hohe Ungleichförmigkeit in die Antriebsbewegung bringt; das Rohr erhöhte aber auch die ungefederte Masse der Achse in unerwünschter Weise. Deshalb kehrt man immer wieder zur freiliegenden Kardanwelle mit zwei Gelenken zurück, deren Kinematik wesentlich günstiger ist.

MOTOR UND GETRIEBE IN BLOCKBAUWEISE

Schwierigkeiten in der Fertigung führten später zur geschlossenen Einheit von Motor, Kupplung und Getriebe nach Abb. 2.2. Mit dieser Bauweise löste man die Probleme der nicht miteinander fluchtenden Wellen und konnte durch den Wegfall der Zwischenwelle die zu synchronisierenden Massen kleiner halten. Die Vorderräder werden durch das vorgezogene Getriebe stärker belastet und übertragen entsprechend höhere Bremskräfte. Dagegen muß nun die länger gewordene Kardanwelle genauer ausgewuchtet werden, und meistens wird eine etwas kompliziertere, indirekte Schaltbetätigung erforderlich.

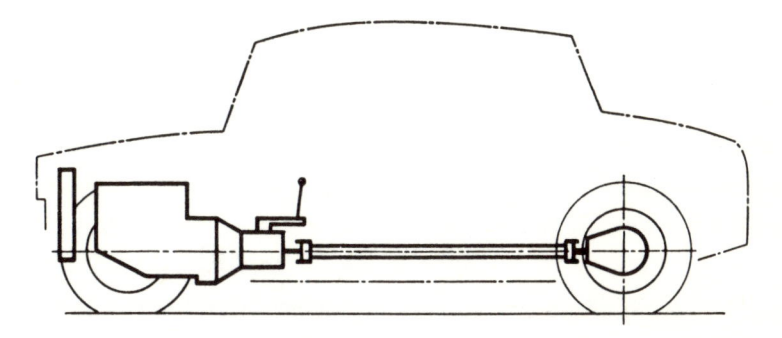

Abb. 2.2   Konventioneller Antrieb mit Motor, Kupplung und Getriebe in einem Block

GETRIEBE UND ACHSANTRIEB MITEINANDER VERBLOCKT

Seltener treffen wir ein Layout an, bei welchem zur besseren Gewichtsverteilung das Getriebe bis an die Hinterachse zurückverlegt und wie in Abb. 2.3 mit dieser verblockt ist. So etwas ist aber nur dann sinnvoll, wenn das Aggregat fest am Fahrwerksrahmen sitzt und die Räder über einzelne Halbwellen mit einem oder zwei Gelenken pro Seite — je nach der Art der Radaufhängung — angetrieben werden. Ist auf jeder Seite nur ein Gelenk angeordnet und hat man es demgemäß mit einer reinen Pendelachse zu tun, so unterliegen die Räder beim Ein- und Ausfedern während der Fahrt nicht nur seitlichen Bewegungen und laufenden Sturzänderungen, sondern es droht dem Wagen auch bei zu schneller Kurvenfahrt das typische Steigen des Hecks mit stark positivem Radsturz und oft unangenehmen Folgen.

Auf die Welle zwischen Motor-/Kupplungseinheit und Getriebe-/Hinterachsblock wirkt hier ein weit geringeres Drehmoment; denn das Motor-

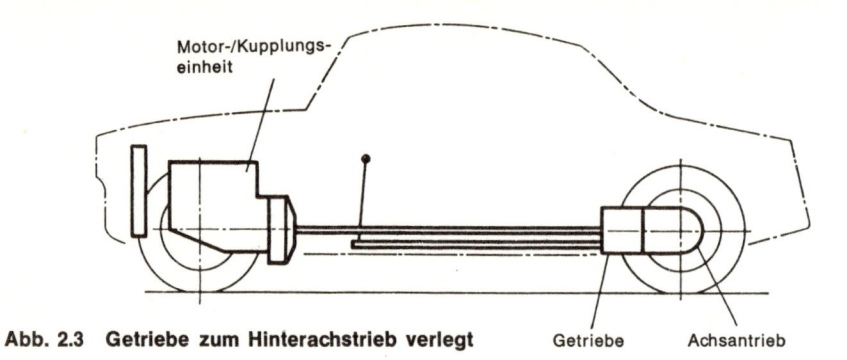

Abb. 2.3 Getriebe zum Hinterachstrieb verlegt

moment ist an dieser Stelle noch nicht mit der Getriebeübersetzung multipliziert. Dagegen müssen die Gelenke der Achswellen ein Mehrfaches normaler Kardangelenke übertragen: Die Achsübersetzung wirkt hier bereits drehmomenterhöhend, und nur die Aufteilung der Leistung auf die beiden Halbwellen vermindert die hohe Belastung. Die Schaltbetätigung ist zumeist weniger exakt, weil sie lange Wege überbrücken muß. Dieser Mangel wird freilich bedeutungslos bei Automatikgetrieben und elektrischen oder hydraulischen Fernbedienungen.

MOTOR, GETRIEBE UND ACHSANTRIEB IN EINEM BLOCK

Bei allen bisher genannten Antriebsvarianten würden Kupplungsglocke, Getriebe und Kardanwelle einen großen Teil des Fahrgastraums beanspruchen, sofern man nicht den Wagenboden sehr hoch legte. Drückt man ihn aber so weit hinunter, wie er aus praktischen Gründen liegen muß, so braucht man einen hohen Kardantunnel und für die Gehäuseteile entsprechend große Ausbuchtungen vorn und hinten. So etwas stört die Raumordnung und teilt die Bodengruppe der Länge nach in zwei Teile.
Verbindet man aber Motor, Kupplung, Wechselgetriebe und Achstrieb zu einer Einheit, so kann man auf die Kardanwelle verzichten und alle Störungen des Wageninneren vermeiden. Die Heckanordnung nach Abb. 2.4 ist zwar kompakt, sie versperrt jedoch den normalerweise für Gepäck, Reserverad und Tank verfügbaren Stauraum. Wählt man nicht die Boxer-,

sondern die Reihenbauweise, so hängt der Heckmotor weit nach hinten über. Das Gewicht liegt auf der getriebenen Hinterachse und vermittelt —

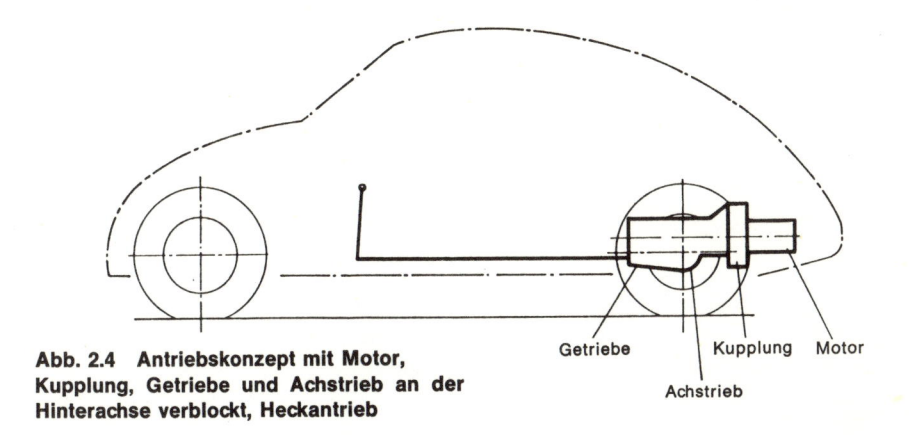

Abb. 2.4 Antriebskonzept mit Motor, Kupplung, Getriebe und Achstrieb an der Hinterachse verblockt, Heckantrieb

besonders im Winter — hohe Bodenhaftung. Das weit nach hinten verlagerte Gewicht verlangt aber auch eine besonders sorgfältige Fahrwerksabstimmung, und so hapert es denn auch häufig mit dem Fahrverhalten. Tank, Reserverad und Gepäck bringt man, so gut es eben geht, im Vorderwagen unter, wo der Radeinschlag den Platz knapp hält.
Eine ganz ähnliche Blockbauart verwendet man für frontangetriebene Wagen, deren Heck somit für bessere Staumöglichkeiten sorgt. Dieses Antriebsschema erfordert recht aufwendige — vor allem äußere — Gelenke in den Achswellen, um bei vollem Radeinschlag während der Fahrt übermäßige Ungleichförmigkeit in der Bewegungsübertragung zu vermeiden. Hier haben sich homokinetische Kugelgelenke gut bewährt.

QUERLIEGENDER MOTORBLOCK

Erstmals von der britischen BLMC für den »Mini« in Großserie verwirklicht, hat das außerordentlich raumsparende Konzept des Quermotors nach Abb. 2.5 heute in einer Anzahl Modelle viele Liebhaber gefunden. Es verbindet die Vorzüge der Blockbauweise und der hohen Radbelastung an der getriebenen Achse mit der völlig ungehinderten Verfügung über den Fahrgastraum und das Gepäckabteil im Wagenheck.

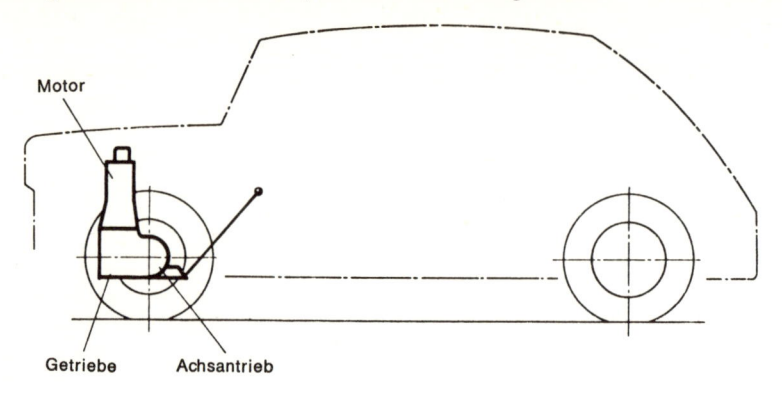

Abb. 2.5 Blockbauweise mit querliegendem Motor und Frontantrieb

NUTZFAHRZEUGE

Vieles von dem vorstehend Gesagten gilt nicht für Lastkraftwagen, die im allgemeinen auch heute die konventionelle Anordnung von Motor und Getriebe bevorzugen. Kardanwelle und angetriebene Hinterachse entsprechen dem Schema der Abb. 2.2, wobei überlange Gelenkwellen zumeist geteilt und in der Mitte zusätzlich gelagert werden.
Stadt- und Reisebusse sind z. T. ebenfalls nach diesem Konzept ausgestattet, haben aber häufig auch Motor und Getriebe seitlich, in Unterflurbauart oder ganz im Wagenheck hinter der Achse. Die Heckmotorbauweise hält zwar den Innenraum frei von lästigen Einbuchtungen, erschwert jedoch die Bedienung der weit vom Fahrerhaus entfernt liegenden Aggregate. Zudem hört der Fahrer nichts vom Motor, und das belastet seine Beziehungen zu den Schaltpunkten, sofern nicht auch gleich eine Automatik vorgesehen wird.
Die in diesem Kapitel beschriebenen Kraftübertragungen verwenden ausnahmslos Wellen und Zahnräder, um das Motordrehmoment weiterzugeben. Im folgenden Abschnitt wollen wir sie mit anderen Bauelementen vergleichen, die freilich nur in kleinen Stückzahlen in Gebrauch sind, die aber so gut funktionieren, daß man dort, wo sich ihnen eine Einsatzchance bietet, gern auf sie zurückgreift.

3. Verbindungs- und Übertragungselemente

Wie immer man den Motor, die Kupplung, das Getriebe und den Achsantrieb anordnen und gestalten mag, nie kommt man an einer sorgfältigen Auswahl derjenigen Elemente vorbei, die für die Übertragung der Kräfte von einem zum anderen Bauteil sorgen. Viele Jahre lang haben Wellen und Zahnräder diese Aufgabe zur offensichtlichen Zufriedenheit erfüllt. Neuere Entwicklungen bringen nun wieder Systeme auf den Plan, die man längst vergessen glaubte.

Gewiß, für das konventionelle Antriebskonzept bilden Kardanwelle und -gelenke nach wie vor die selbstverständliche Lösung. Sobald aber Motor, Kupplung und Getriebe zu einer gemeinsamen Baugruppe mit dem Achstrieb verschmelzen sollen, bieten sich unterschiedliche Möglichkeiten an. Liegt, wie z. B. beim Quermotor, die Getriebehauptwelle zwar parallel, doch nicht in der Verlängerung der Kurbelwelle, so ordnet man üblicherweise ein Zwischenrad zwischen den Zahnrädern auf diesen beiden Wellen an, deren Abstand von einander nicht mit zwei brauchbaren Zahnrädern allein überbrückt werden kann.

KETTENTRIEBE

Zwei solche parallelen Wellen lassen sich vorteilhaft mit einer Kette verbinden, und tatsächlich findet man die Kette beispielsweise auch in den Automatik-Versionen der größeren BLMC-Modelle mit Quermotor oder des GMC-Corvair mit Heckmotor. Jahrelang führte der Kettentrieb ein bedauernswertes Schattendasein, weil man ihn mit viel Geräusch und Unzuverlässigkeit in Verbindung brachte. Das rührte aus den Zeiten seiner praktisch ungeschützten und ungeschmierten Freiluft-Vergangenheit her. Sorgfältig gekapselt und richtig geschmiert sind Ketten jedoch laufruhig, funktionstüchtig und dauerhaft, wie sich an den Steuerketten vieler Motoren nachweisen läßt.

Nicht ganz problemlos ist die normale Rollenkette, wenn ihre Teilung groß und die Ritzelzähnezahl klein ist, wie es Abb. 3.1 illustriert. In der gezeich-

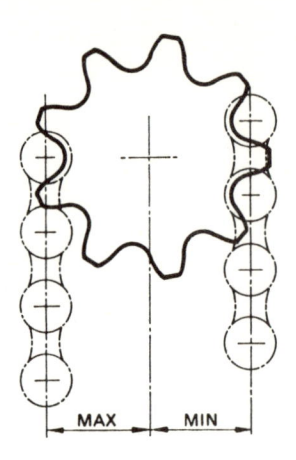

Abb. 3.1 Größter und kleinster wirksamer Radius

neten Lage wirkt der Kettenzug in der linken Hälfte genau auf den Teilkreisradius, in der rechten aber auf einen etwas kleineren Halbmesser. Während der Drehung des Ritzels um eine halbe Teilung variiert der Angriffspunkt der Tangentialkraft vom maximalen zum minimalen Radius. Daraus ergibt sich ein polygonförmiger Bewegungsablauf um das Ritzel herum, der sich in zyklischen Wechseln der Spannung und der Geschwindigkeit und damit in Geräuschen und Schwingungen äußert.

Hat das Kettenrad eine gerade Zähnezahl, so trifft man auf die Schwierigkeit, die Kettenspannung sauber einzustellen. Denn die Kette ist immer dann straff, wenn gezogener und loser Teil auf dem größten, und immer dann locker, wenn sie auf dem kleinsten wirksamen Durchmesser aufsitzen. Die Kette gespannt zu halten, ist vor allem beim Lastwechsel problematisch, wenn z. B. während eines Schaltvorganges der lose und der gezogene Teil ihre Rollen tauschen. Dämpfende Spannelemente sind hier zumeist an beiden Kettenzügen erforderlich, und womöglich müssen sie miteinander verbunden sein und sich gleichzeitig der wechselnden Zugrichtung anpassen. Bei richtiger Spannung und Dämpfung kann jedoch ein Kettentrieb sogar dem nicht immer ruhigen Zahnrädersatz die Schau stehlen.

Jeglichen Polygoneffekt vermeidet die Zahnkette, wie sie häufig für Automatik-Übertragungen eingesetzt wird. Ein zweiter wichtiger Vorzug dieser

Kette besteht darin, daß die Ritzel Evolventenzähne besitzen wie ein normales Stirnrad; denn dadurch gleicht sich jede Längung der Kette aus, indem sie auf dem Ritzel etwas weiter nach außen rutscht, und die Spannung wird dabei nicht verändert. Setzt man diese Art Ketten für automatische Getriebe mit Drehmomentwandler und unter Last schaltbaren Gängen ein, so kann auf jeglichen Spanner und Dämpfer verzichtet werden.

Kettentriebe verbilligen die Fertigung, weil die Achsabstand-Toleranzen nicht gar so knapp zu sein brauchen und weil die Ritzel nicht so hohe Ansprüche an Werkstoffe, Wärmebehandlung und Herstellgenauigkeit stellen. Denn bei der Kette tragen mehr Zähne gleichzeitig als beim Stirnradtrieb, und so wird die Last auf breitere Schultern gelegt.

Ein klassisches Anwendungsgebiet für Ketten sind Motorradantriebe. Kurbelwelle, Getriebewellen und die Achse des Hinterrades liegen hier zumeist parallel und in mehr oder weniger großem Abstand von einander. Solange sie gegen grobe Verschmutzung abgedeckt sind, angemessen geschmiert werden und über Ritzel laufen, die auch unter Belastung miteinander fluchten, arbeiten Rollenketten hier zufriedenstellend und sind recht haltbar. Der Kettentrieb zum Hinterrad erspart ausgleichende Kardangelenke, da sich die Spannung der Kette beim Durchfedern praktisch nicht verändert, wenn der Drehpunkt der Hinterradschwinge möglichst nahe am Zentrum des treibenden Ritzels liegt.

Früher, als man noch zwei Gänge für Motorräder als ausreichend ansah, verwendeten Scott, Royal Enfield und andere Marken statt Getrieberädern einfach zwei Ketten, die von der Kurbelwelle zu unterschiedlich großen, losen Ritzeln auf einer Vorgelegewelle führten. Jeder der beiden Kettentriebe konnte wahlweise durch Spreizringe mit der Vorgelegewelle gekuppelt werden. Den Sekundärtrieb zum Hinterrad besorgte eine weitere Rollenkette.

Wir erwähnen diesen Sonderfall, weil die Ketten mit einem besonders hohen Übertragungswirkungsgrad im Vergleich zum langsamen Gang eines Zahnradgetriebes arbeiteten. Auch war der Gangwechsel bei diesem System so schnell wie kaum ein anderer und praktisch ohne Zugkraftunterbrechung ausführbar. Im übrigen wurden Ketten auch eine Zeitlang in Omnibusgetrieben angewendet, und Ketten allein ohne Getriebekasten einst in einem berühmten Sportwagen, bei welchem man die gute Zugänglichkeit der Kraftübertragung mit den Nachteilen der völligen Ungeschütztheit zu bezahlen hatte.

RIEMENTRIEBE

Auf eine ehrwürdige Tradition sieht auch der Keilriementrieb zurück, der wie die Kette eine gute und preiswerte Lösung zur Verbindung paralleler, entfernter Wellen darstellt. Der Riemen wirkt zudem dämpfend auf den Antrieb. Kombiniert man ihn mit Keilriemenscheiben, deren wirksame Durchmesser infolge axialer Verschiebung ihrer Hälften variabel sind, so wird daraus bei entsprechender Steuerung ein stufenlos schaltbares Getriebe, wie einst im Rudge »Multi«-Motorrad und heute in den DAF-Personenwagen angewendet. Anfangs litten solche Aggregate unter dem von Spritzwasser verursachten Riemenschlupf, und außerdem darunter, daß die Verbindungsstellen der zusammengesetzten Riemen ausrissen. Endlosriemen, inzwischen spritzwassergeschützt angeordnet, sind mit diesen Schwierigkeiten längst fertiggeworden. Sie arbeiten mit den verbesserten Antriebssystemen zufriedenstellend und erfreuen sich einer dem Autoreifen vergleichbaren Lebensdauer: Gemäßigte Fahrer kommen durchaus auf 50 000 Kilometer.

FLÜSSIGKEITSANTRIEBE

In den Abschnitten 6, 16 und 25 werden wir die verschiedenen Möglichkeiten behandeln, die Verbindung zwischen Motor und Getriebe durch Flüssigkeitselemente darzustellen oder auch mit ihrer Hilfe die erforderlichen Übersetzungen des Drehmoments und der Drehzahl zu erhalten. Es gilt noch einige Probleme zu lösen, um die Vorteile solcher Bauelemente, z. B. die gute Stoß- und Geräuschdämpfung, wirklich nutzen zu können und mit ihnen dem bewährten, einfachen und preisgünstigen mechanischen Antrieb ernsthaft Konkurrenz machen zu können.

KRAFTFLUSS-UNTERBRECHUNG

Irgendwie muß die Antriebsverbindung zwischen Motor und Wechselgetriebe in jedem Fall unterbrochen werden können, weil man den Motor zuerst einmal bei stehendem Wagen anlassen will. So einfach das Trennen, so diffizil wird jedoch das Wiedereinkuppeln, wenn ein stoßfreies Anfahren bei vernünftiger Verschleißlebensdauer gewünscht wird. Die drei folgenden Kapitel befassen sich mit einigen Bauformen von Kupplungselementen, die man für diese Aufgabe üblicherweise einsetzt.

4. Reibungskupplungen

Trennkupplungen können unter anderem durch Reibung, durch die hydraulische Energie von Flüssigkeiten oder durch elektromagnetische Kraftfelder zur Drehmomentübertragung geschlossen werden. Unter ihnen nehmen Reibungskupplungen den wichtigsten Platz ein und sind am leichtesten zu erklären, weshalb wir sie hier auch als erste diskutieren wollen.

FUNKTION DER TRENNKUPPLUNG

Wie schon erwähnt, hat der Verbrennungsmotor Eigenarten, die es notwendig machen, daß man ihn zum Wechseln der Übersetzungen (Schalten) und vor allen Dingen zum Anlassen vom übrigen Kraftfluß trennen kann. Wurden diese Vorgänge ausgeführt, so gilt es, die geöffnete Kupplung zu schließen, also die Verbindung zwischen der relativ rasch rotierenden Kurbelwelle und den Rädern möglichst ohne jedes Rupfen und Stoßen herzustellen.

In den meisten Fällen verlangt man von der Kupplung, daß sie sich völlig öffnen (ausrücken) läßt; daß also kein restliches Schleppmoment zwischen den Kupplungsbauteilen verbleibt, welches den Wagen zum »Kriechen« bringt bzw. das Schalten der Gänge erschwert. (Erwähnt seien hier gewisse automatische Kupplungen, die erst bei sehr niedrigen Drehzahlen öffnen und bei denen häufig besondere Tricks angewendet werden müssen, um das Getriebe überhaupt schalten zu können.)

EIGENSCHAFTEN DER REIBUNGSKUPPLUNGEN

Wenn man einwandfreien technischen Zustand und exakte Bedienung einmal voraussetzt, so haben alle Reibungskupplungen bestimmte Gemeinsamkeiten: Sie trennen nach dem Auskuppeln den Kraftfluß vollständig ab, und sie übertragen bei schlupffreiem Einkuppeln das Eingangsmoment in voller Höhe auf die Abtriebsseite. Nur während des Einkuppelvorgangs findet tatsächlich eine Reibbewegung statt, und nur in dieser Phase ist auch die Leistung an der Abtriebsseite kleiner als die am Eingang der Kupplung. Grund dafür ist wiederum die Tatsache, daß Leistung ein Produkt aus Drehmoment und Drehzahl ist: Selbst wenn am Abtrieb das gleiche Moment meßbar wäre wie am Eingang, würde der Schlupf über die verminderte Drehzahl für ein niedrigeres Produkt Leistung verantwortlich sein. Die von der Eingangs- zur Ausgangsseite nicht übertragene Energie wird zwischen den Reibelementen der Kupplung in Wärme umgewandelt.

KEGELKUPPLUNGEN

Wegen ihrer mechanischen Simplizität war die Kegelkupplung (siehe Abb. 4.1) in den Kindertagen des Automobils weit verbreitet. Sie bestand aus nur zwei Hauptteilen, dem mit Reibbelag armierten konischen Innenteil, der von einer Schraubendruckfeder in die entsprechend konische Trommel gedrückt wurde. Die Trommel war zumeist fester Bestandteil des Motor-Schwungrades. Bei richtiger Wahl des Kegelwinkels arbeitete dieser Apparat ohne Schlupf — jedenfalls solange der Belag neu war. Doch gerade der dafür notwendige flache Winkel war bei nicht ganz dezenter Bedienung schuld an ruckartigem Einkuppeln und oft genug auch an klebendem, fast unmöglichem Ausrücken.
Das große Massenträgheitsmoment des Innenteils erschwerte das Schalten, weil das notwendige Beschleunigen und Verzögern der Getriebe-Eingangswelle für den normalen Gangwechsel einfach zu lange dauerte. Für das Beschleunigen half dann zwar entsprechend mehr Zwischengas, doch um rasch zu verzögern, mußte die schwere Konusscheibe erst mit einer eigenen »Kupplungsbremse«, die beim vollständigen Ausrücken mit betätigt wurde, abgebremst werden. Aus diesem Grunde sorgt man bei modernen Kupplungen für Mitnehmerscheiben von möglichst geringem Massenträgheitsmoment.
Die exakte Trennbarkeit der kegeligen Elemente brachte dem Prinzip der Konuskupplung später auf dem Gebiet der Getriebe-Synchronisierungen die verdiente Anerkennung.

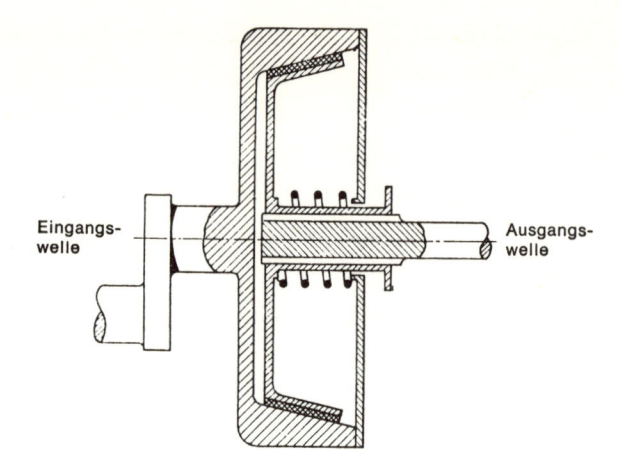

Abb. 4.1 Kegelkupplung

EINSCHEIBENKUPPLUNGEN

Die schematisch in Abb. 4.2 dargestellte Einscheibenkupplung überträgt das Motormoment von der plan ausgebildeten Schwungmasse und der mit ihr verbundenen Druckplatte über Reibbeläge auf die Mitnehmerscheibe, die drehfest auf der Getriebe-Eingangswelle sitzt. Die Reibbeläge können sowohl an beiden Seiten der Mitnehmerscheibe (das ist der Regelfall), als auch an Schwungrad und Druckplatte befestigt sein.
Obgleich sie die zu synchronisierenden Massenmomente kräftig erhöhen, sind die Reibbeläge aus Gründen der Reparatur und der Wärmeabfuhr fast stets an den Planflächen der Mitnehmerscheibe angebracht. Das geschieht zum Teil durch Aufnieten, häufig auch durch Kleben oder Vulkanisieren.
Die Anpreßkraft, die die Kupplung eingerückt hält, bringen axial wirkende Federn auf: Früher war das zumeist eine Anzahl je nach Übertragungsmoment abgestimmter Schraubenfedern, heute oft eine einzige große Tellerfeder.
Die Kupplung wird entsprechend dem verwendeten Anpreßmechanismus ausgerückt, indem ein Ausrücklager axial verschoben wird und dabei die auf die Mitnehmerscheibe wirkenden Federkräfte aufhebt. In der vereinfachten Darstellung der Abb. 4.2 ist die Scheibe zwar fest mit der Getriebewelle verbunden und in sich starr; tatsächlich ist sie auf der Welle in Nuten

verschiebbar und in der Regel mit schwingungsdämpfenden Elementen ausgestattet, durch welche Stöße und Vibrationen gemildert werden, die beim Betrieb von Verbrennungsmotoren nie ganz zu vermeiden sind.

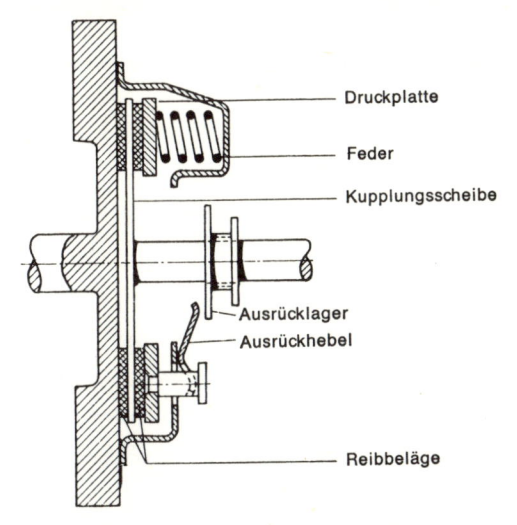

Abb. 4.2 Einscheibenkupplung

Um eine ausreichende Belagfläche mit genügend Verschleißfestigkeit und rascher Wärmeabfuhr, sowie möglichst niedrige Trägheitsmomente zu erzielen, verwendet man für hohe Leistungen und Momente auch zwei oder mehr Mitnehmerscheiben mit einer entsprechenden Anzahl Druck- und Zwischenplatten. Bei einer neueren Ausführung dieser Mehrscheibenkupplung dient ein eingebauter Ölkreislauf der Abfuhr der an den hochbelasteten Belägen anfallenden, großen Wärmemengen. Bei sorgfältiger Abstimmung mit der Belagqualität ist eine solche gekühlte Kupplung in der Lage, sowohl einwandfrei zu trennen, als auch einen gewissen, beabsichtigten Schlupf zuzulassen, wenn dieser zum stoßfreien Schalten beiträgt.

LAMELLENKUPPLUNGEN

Soll eine Kupplung im Innern des Getriebes angeordnet werden, so zwingt der begrenzte Raum zu einer größeren Anzahl Scheiben mit kleinem Durchmesser. Das Beispiel in Abb. 4.3 enthält zwei Paar Scheiben, die abwechselnd mit dem Außenkranz und mit der Nabe verzahnt sind, sich jedoch axial verschieben lassen. Das Scheibenpaket wird in dem gezeigten

Fall durch Öldruck, gelegentlich aber auch durch Federkraft zusammengepreßt. Die hydraulische Betätigung hat neben dem Wegfall jeglicher Übertragungsmechanik den Vorzug, daß die Kupplung durch Verändern des Öldrucks gesteuert werden kann. Außerdem kann man die erforderliche Schließkraft in einfacher Weise über den Öldruck angleichen. Dies nutzt man aus, wenn die Kupplungen im Getriebeautomaten den einzelnen Fahrgängen mit ihren unterschiedlich hohen Drehmomenten zugeordnet sind.

Die unteren Gänge und der Rückwärtsgang erfordern nämlich erheblich größere Anpreßkräfte als die oberen Gänge mit ihrem geringeren Momentendurchsatz. Zu bemerken ist, daß Lamellenkupplungen dieser Art gewöhnlich nicht für das Anfahren aus dem Stillstand, sondern nur zum Trennen des Kraftflusses für den Schaltvorgang im Getriebe verwendet werden. Hier aber ist rascher Eingriff mit möglichst kurzer Schlupfdauer erwünscht, und die anfallende Wärme wird durch das umgebende Öl abge-

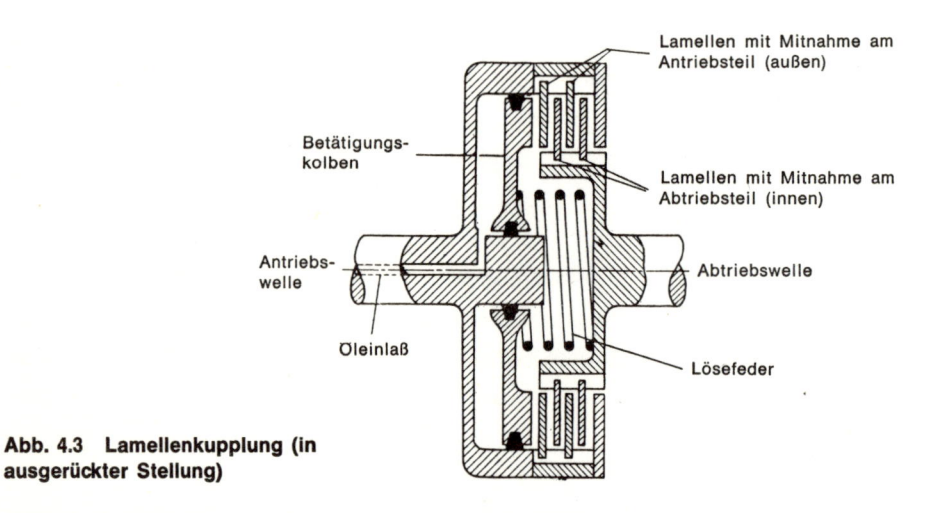

Abb. 4.3 Lamellenkupplung (in ausgerückter Stellung)

führt. Die härtere Anfahrarbeit hingegen übernimmt in diesem Fall ein anderer, häufig hydraulisch wirkender Kupplungstyp, der für die hohe Beanspruchung und den Schlupfbetrieb besser geeignet ist.

Früher gab es bei Lamellenkupplungen im Ölraum oft klebende Lamellen und unbefriedigende Funktion im kalten Zustand. Diese Probleme wurden im Laufe der Zeit durch dünnflüssige ATF-Öle ausgeräumt.

FLIEHKRAFTKUPPLUNGEN

Die Besprechung der Reibungskupplungen wäre unvollständig, wollten wir nicht auch diejenigen erwähnen, deren Funktionsprinzip auf der Zentrifugalkraft beruht (exakt: auf der Zentripetalkraft, die der Massenbeschleunigung entgegenwirkt). Ein vielfach in Rasenmähern, Kleingeräten und Industrieantrieben verwendeter einfacher Typ ist in Abb. 4.4 dargestellt. Die beiden bremsbackenähnlichen Reibelemente sind auf der Schwungradseite des Motors schwenkbar gelagert. Im niedrigen Drehzahlbereich werden sie von Rückhaltefedern nach innen gezogen, doch

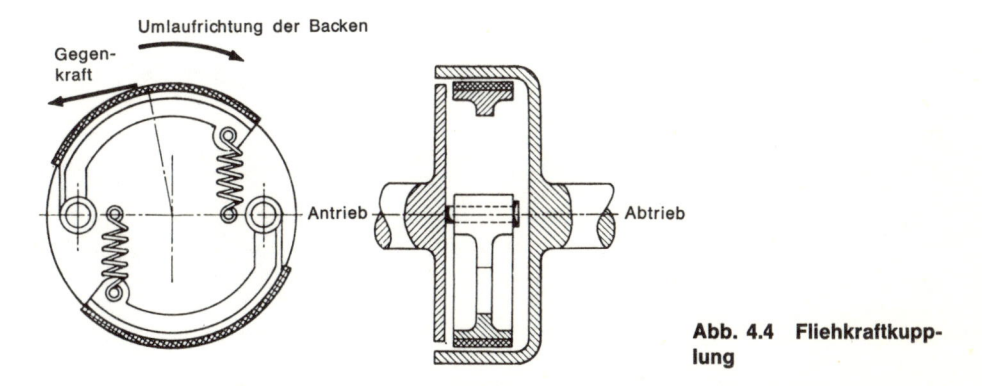

Abb. 4.4 Fliehkraftkupplung

wenn mit zunehmender Drehzahl die Fliehkraft diese Federspannung aufhebt, legen sich die Backen an die Innenseite der Trommel an. Dort bauen sie ein mitnehmendes Moment auf, bis von einer bestimmten Drehzahl aufwärts die Antriebsleistung voll und schlupffrei übertragen wird. Diese Kupplungen arbeiten voll automatisch; der Eingriff vollzieht sich bei normalem Gasgeben stoßfrei. Bei abnehmender Motordrehzahl öffnet die Kupplung ebenso selbsttätig in dem Augenblick, da die Fliehkraft kleiner als die Rückhaltekraft der Federn wird.

Wenn der Reibbelag der Backen die Trommel in Drehrichtung v o r dem Lagerbolzen berührt, wie es der Pfeil in Abb. 4.4 andeutet, so spricht man, wie etwa bei Trommelbremsen, von »auflaufenden«, aggressiven Backen. Diese Anordnung ruft einen Selbstverstärkungs-Effekt hervor: Die radialen Reibkräfte zwischen Belag- und Trommelfläche haben eine tangentiale Komponente, welche die Anpreßkraft erhöht. Kehrt man die Laufrichtung um, so wirkt die gleiche Umfangskraft vom Lagerbolzen weg und vermin-

dert die Anpreßkraft in dem nun »ablaufenden«, degressiven Backen.
Die Fliehkraftkupplung des holländischen DAF besitzt acht paarweise als auf- und ablaufende Backen angeordnete Reibelemente. Abb. 4.5 zeigt den Aufbau mit angedeuteten Rückholfedern, von denen die auf die auflaufenden Backen wirkenden härter sind als die der ablaufenden. Daher kommen die ablaufenden Backen gegen die weicheren Federn zuerst zum Anliegen an der Trommel und sorgen für ruckfreien Eingriff der Kupplung. Erst dann fassen die auflaufenden Backen mit ihrem selbstverstärkenden Effekt zu und vollenden die schlupffreie Kraftübertragung. Im Schubbe-

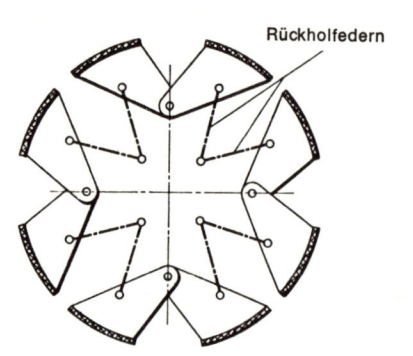

Abb. 4.5 Fliehkraftkupplung mit auf- und ablaufenden Backen

trieb (bergab oder beim Gaswegnehmen) werden infolge der Momentenumkehrung die bis dahin ablaufenden Backen zu aggressiven, auflaufenden, wodurch die Motorbremswirkung über einen weit größeren Drehzahlbereich sichergestellt wird, als wenn alle Reibelemente so angeordnet wären wie in Abb. 4.4, nämlich im Zugbetrieb auflaufend.

Hohe Fliehkräfte, wie sie bei der Fliehkraftkupplung von der Schließdrehzahl aufwärts wirksam sind, würden für ein vom Fahrer gesteuertes Ausrücken unzumutbar hohe Pedalkräfte verursachen. Deshalb beläßt man diese Kupplungen gewöhnlich in ihrer simplen, allein von der Drehzahl gesteuerten Bauweise und setzt sie nur dort ein, wo das Schalten der Getriebegänge auch ohne Auskuppeln möglich ist — oder nur im Stand, wie bei manchen landwirtschaftlichen Kleingeräten (kuppelfreies Schalten vgl. Kapitel 7 und 11). In anderen Fällen ordnet man zwischen der Fliehkraftkupplung und dem Getriebe noch eine Scheibenkupplung an und teilt dieser die Trennfunktion zum Gangschalten, jener aber die harte Arbeit der Anfahrkupplung zu.

Fliehkraftkupplungen werden zuweilen auch als Bestandteil einer hydraulischen Kupplung verwendet. Diese Kombination sorgt dafür, daß bei niedrigen Drehzahlen der Kraftfluß vollständig getrennt wird, obwohl doch Flüssigkeitskupplungen immer ein Rest-Schleppmoment aufweisen.

Da die Fliehkraftkupplung keine Antriebsbewegung von den Rädern zum Motor hin übertragen kann (die Backen sprechen nicht an), ist ein Anschleppen des Wagens und auch das Bremsen mit dem Motor ohne weiteres nicht möglich. Erst ein Freilauf zwischen Ein- und Ausgangsseite erlaubt die Momentenumkehrung. Der Freilauf wird bei Motorantrieb (Zugbetrieb) überrollt und sperrt im Schub, also auch beim Anschleppen.

5. Elektromagnet-Kupplungen

Die Kupplungen, die wir bis jetzt beschrieben haben, funktionieren aufgrund der Reibung zwischen zwei oder mehreren Oberflächen. Sie neigen jedoch zu Geräuschen, greifen nicht in jedem Fall sanft und ruckfrei ein und unterliegen dem kontinuierlichen Verschleiß. Flüssigkeits- und Elektromagnet-Kupplungen vermeiden einige solcher Nachteile, nicht ohne freilich ihre eigenen Probleme aufzugeben.

Abb. 5.1 zeigt eine elektromagnetisch arbeitende Kupplung. Das Magnetfeld entsteht in einer (in diesem Fall im Schwungrad untergebrachten)

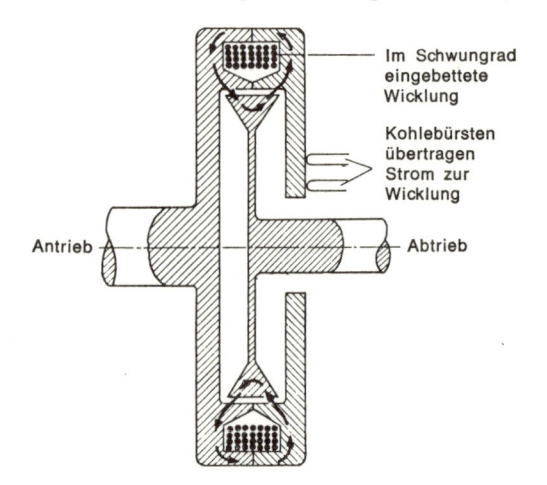

Abb. 5.1 Elektromagnetkupplung

Wicklung, wenn aus einer Energiequelle über Kohlebürsten elektrische Spannung auf die Wicklung einwirkt. Mit eben diesem gesteuerten Stromfluß wird die Kupplung eingerückt: Das in der Wicklung entstehende Magnetfeld fließt durch den im Innern des Schwungrades umlaufenden und mit der Getriebewelle verbundenen Eisenkern und hält ihn fest. Vielfach füllt man den Luftspalt zwischen Schwungrad und Kern zur Erhöhung der elektromagnetischen Kraftwirkung noch mit Eisenpulver aus.

Elektromagnetkupplungen, durch einen simplen Schalter betätigt, erfordern kaum Bedienungsaufwand vom Fahrer, arbeiten geräuschlos und brauchen nur in Bezug auf gute elektrische Verbindungen und intakte Bürsten gewartet zu werden.

Bei fast leerer Batterie kann man den Wagen allerdings kaum anschleppen, weil der Strom zum Schließen der Kupplung dann zu schwach ist und keine Kraftübertragung von den Rädern zum Motor zustandekommt. Werden daher Elektromagnetkupplungen z. B. in automatisierten Getrieben verwendet, so wird für das Anschleppen häufig ein besonderer mechanischer Gang vorgesehen, der ein direktes Anschleppen zuläßt.

6. Flüssigkeitskupplungen

Die schon genannten Nachteile der Reibungskupplungen, nämlich Empfindlichkeit für ungeschickte Bedienung, Neigung zu Geräuschen und Verschleißanfälligkeit, räumen einer anderen alternativen Lösung faire Chancen ein: der Flüssigkeitskupplung.

Bei ihr wird eine Flüssigkeit verwendet, um die Motorleistung zu übertragen. Sie arbeitet vollautomatisch und erspart dem Fahrer jegliche Aufmerksamkeit auf die Kupplungsbedienung. Eingriff und Momentenübertragung erfolgen ruckfrei und kontinuierlich; Drehschwingungen vom Motor werden völlig absorbiert. Zwei wesentliche Eigenschaften erinnern bei ihr dennoch an die Reibkupplung: Das Ausgangsmoment kann niemals größer sein als dasjenige am Eintritt in die Kupplung, und große Drehzahldifferenzen führen grundsätzlich zu hohen Betriebstemperaturen.

Da hier der Antrieb nie ganz getrennt werden kann, läßt man hydraulische Kupplungen in der Regel mit Getriebegängen zusammen wirken, die jeweils einzeln durch Bandbremsen oder Scheibenkupplungen zugeschaltet werden, oder man verbindet sie mit Getrieben, vor denen eine zusätzliche Trennkupplung eigens für den Schaltvorgang angeordnet ist.

Die hydraulische Kupplung besteht aus zwei Hauptelementen: dem vom Motor getriebenen Pumpenrad, das dem Öl kinetische Energie erteilt, und dem Turbinenrad, in dem diese Energie umgesetzt wird (vorzugsweise in nutzbare Arbeit, hier und da leider auch in unnütze Wärme). Diese beiden Elemente sind baulich zu einer Einheit zusammengefaßt, und das Pumpenrad bildet, wie in Abb. 6.1 dargestellt, das mit Öl gefüllte Gehäuse, in welchem die Turbine frei umlaufen kann. In ihrem Aufbau sind Pumpen- und Turbinenrad einander sehr ähnlich; jedes der beiden Teile bildet einen halbierten Kreisring, von einer Anzahl Schaufeln in Segmente unterteilt.

Die Umlaufbewegung des Pumpenrades zwingt das zwischen den Schaufeln eingefangene Öl, ebenfalls umzulaufen. Gleichzeitig bewirkt die Rotation aber auch, daß das Öl zwischen den Schaufeln von innen nach außen drängt, so daß es in dem ölgefüllten, kreisringförmigen Gehäuse in Drehrichtung 1–2–3–4 (Abb. 6.1) zu einer überlagerten Zirkulation des Hy-

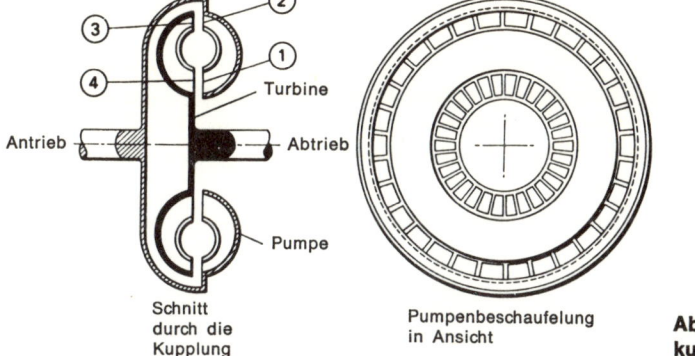

Abb. 6.1 Flüssigkeitskupplung

Schnitt durch die Kupplung — Pumpenbeschaufelung in Ansicht

(Beschriftungen: 1, 2, 3, 4; Turbine; Antrieb; Abtrieb; Pumpe)

drauliköls kommt. Auf dieser Umlaufbahn erfährt das Öl eine leichte Druckerhöhung zwischen Punkt 1 und 2 und einen ebensolchen Druckabfall zwischen 3 und 4, bewirkt durch die Wechsel im Radius. Diese kleinen Unterschiede sind von wesentlicher Bedeutung für die Funktion der Kupplung, wenngleich die eigentliche Energieübertragung von der Pumpe zur Turbine auf dem höheren Betrag kinetischer Energie beruht, der dem Ölumlauf in Richtung um die Drehachse der Kupplung entspricht.

Bei stillstehendem Fahrzeug mit eingelegtem Gang und vom Motor her angetriebenem Pumpenrad wird die dem Öl mitgeteilte kinetische Energie vollständig im stehenden Turbinenrad aufgezehrt (d. h. ohne Nutzeffekt verbraucht). Das Moment, welches das Öl über die Schaufeln auf das Turbinenrad ausübt, sucht dieses zwar zu drehen, doch die Turbine widersteht ihm, weil es geringer ist als dasjenige, das infolge der Haltekraft zwischen Reifen und Fahrbahn über das Getriebe wirksam ist und das Turbinenrad festhält. Und da die Turbine sich in diesem speziellen Fall nicht dreht, wird natürlich auch keine Arbeit (= Drehmoment × Drehwinkel) verrichtet, und die ganze eingeleitete Energie wird in Wärme umgewandelt. Man bezeichnet den Gleichgewichtszustand zwischen Antriebsmoment vom Motor auf die Turbinenbeschaufelung und Haltemoment vom Reifen her auf die Turbinenwelle als Festbremspunkt, bei dem der Wirkungsgrad gleich Null ist. Die erzeugte Wärme kann bei längerem Anhalten dieses Zustands schädlich werden, und deshalb soll eine hydraulische Kupplung nur möglichst kurze Zeit am Festbremspunkt arbeiten.

Wächst nun das Motordrehmoment weiter an und übersteigt das Haltemoment, so beginnt sich die Turbine langsam zu drehen: Das Fahrzeug be-

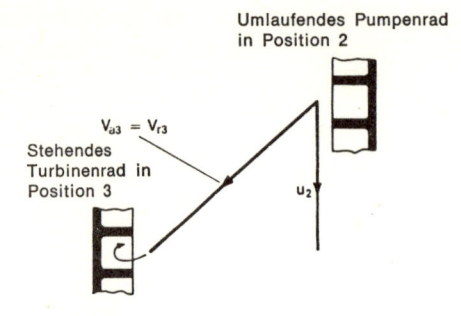

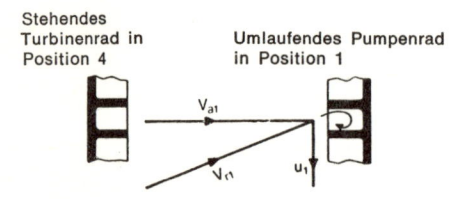

Abb. 6.2 Geschwindigkeitsschaubild bei stillstehender Turbine und umlaufender Pumpe

u_1, u_2 = Schaufelgeschwindigkeit bei 1 bzw. 2
V_{a_1}, V_{a_3} = absolute Strömungsgeschwindigkeit bei 1 bzw. 3
V_{r_1}, V_{r_3} = relative Strömungsgeschwindigkeit bei 1 bzw. 3

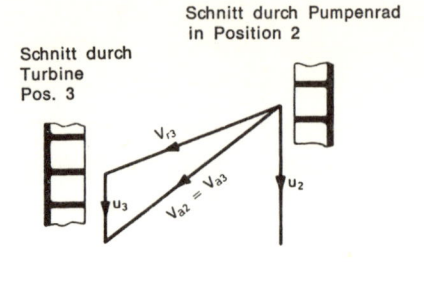

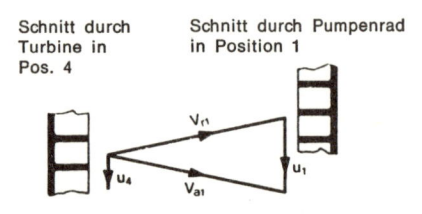

Abb. 6.3 Turbine läuft mit etwa halber Pumpendrehzahl um

u_1, u_2, u_3, u_4 = Schaufelgeschwindigkeit bei Pos. 1–4
V_{a1}, V_{a2}, V_{a3}, V_{a4} = absolute Strömungsgeschwindigkeit bei Pos. 1–4
V_{r1}, V_{r3} = relative Störungsgeschwindigkeit bei 1 bzw. 3

wegt sich aus dem Stillstand. Der Wirkungsgrad der Kupplung steigt mit zunehmender Fahrgeschwindigkeit (da nun die kinetische Energie, die das Pumpenrad dem Hydrauliköl verleiht, in nutzbare Arbeit umgesetzt wird) und nähert sich 100 %, wenn die Abtriebsdrehzahl nahezu die Antriebsdrehzahl erreicht. Ein geringer Energieanteil geht allerdings unvermeidbar verloren, und das ist diejenige Energie, die das Öl verquirlt und erwärmt und sich nicht in die gewünschte Form mechanischer Arbeit verwandeln läßt. Solche Verluste ergeben sich aus der Tatsache, daß nur in einem Betriebszustand die Stellung der Schaufeln von Pumpen- und Turbinenrad zueinander eine korrekte Ölströmung an den Eintrittsquerschnitten 1 und 3 erlaubt.

Bei allen übrigen Betriebspunkten ist die Strömungsgeschwindigkeit des Öls relativ zu den Schaufeln so gerichtet, daß sich am Rücken der Schaufeln Verwirbelungen bilden (vgl. Abb. 6.2). Gewisse Störeinflüsse entstehen auch im Schlupfbereich der Kupplung, wenn die Schaufelkanten von Pumpen- und Turbinenrad einander passieren. Um die Wechselwirkung dieser Begegnungen zwischen Schaufelkanten möglichst gering zu halten, greift man zuweilen zu unterschiedlichen Schaufelzahlen beider Räder oder verteilt sie unregelmäßig über den Umfang, so daß sich nie mehr als zwei Schaufelkanten zur gleichen Zeit gegenüberstehen können.

Wegen der unvermeidbaren Energieverluste ist die Drehzahl des Turbinenrades stets mindestens 3% geringer als die Motordrehzahl. Daher wird – wenn z. B. die Kosten des erhöhten Kraftstoffverbrauchs von großer Bedeutung sind – in manchen Fällen eine Reibungskupplung zusätzlich verwendet, mit der man Pumpe und Turbine beim Erreichen ihres größtmöglichen Gleichlaufs fest miteinander kuppelt.

GESCHWINDIGKEITSDIAGRAMME

In den Abbildungen 6.2 und 6.3 wird der Verlauf der Strömungsgeschwindigkeiten an verschiedenen Punkten des Ölkreislaufs und bei unterschiedlichen Betriebszuständen dargestellt. Abb. 6.2 zeigt den Festbremszustand, in welchem das Öl die Turbine bei 4 in genau axialer Richtung (V_{a1}) und ohne Verwirbelungskomponente verläßt. Infolge der Schaufelbewegung u_1 des Pumpenrades bei 1 relativ zum stehenden Turbinenrad ergibt sich der resultierende Vektor V_{r1} unter einem ziemlich großen Winkel zur Schaufel, wodurch kräftige Turbulenz entsteht. Auf dem Wege von 1 nach 2 erhält die Hydraulikflüssigkeit erhebliche kinetische Energie aus dem Umlauf des Pumpenrades und verläßt dieses am Ausgang 2 mit einer Geschwindigkeit, die sich zusammensetzt aus der Axial- und der Umfangskomponente. Die Richtung der resultierenden Geschwindigkeit V_{r3} ($= V_{a3}$) ist derart, daß der Aufprallwinkel an den Schaufeln der Turbine durchaus eine turbulente Strömung hervorrufen kann.

Da die Turbine sich noch nicht bewegt, wird die gesamte in der Flüssigkeit enthaltene kinetische Energie in Turbulenz und Wärme umgesetzt, aber die auf die Turbinenschaufeln wirkende Kraft erzeugt selbstverständlich ein treibendes Drehmoment im Abtriebsstrang (das nur nicht ausreicht, um das stehende Auto zu bewegen). Wie schon festgestellt, arbeitet die hydraulische Kupplung im Festbremspunkt mit einem Wirkungsgrad gleich Null, weil keine nutzbare Arbeit geleistet wird. Da das Öl seine ganze aus der Tangentialbewegung herrührende Energie auf dem Weg von 3 nach 4 – also in der Turbinenbeschaufelung – abgibt, würde an dieser Stelle ein sehr hohes Drehmoment frei, nämlich gerade das, was ein schwerbeladenes Fahrzeug braucht, um sich von der Stelle zu bewegen.

Mit dem Anlaufen des Turbinenrades wächst der Wirkungsgrad der Kupplung, weil ja nutzbare Arbeit am Abtrieb vollbracht wird, und die Strömungsrichtung wird durch die Umfangsbewegung der Turbine im allgemeinen so verändert, daß die Turbulenz abnimmt. Dies zeigt auch Abb. 6.3. Der Wirkungsgrad steigt kontinuierlich mit der Turbinendrehzahl an. Jedoch ist wichtig zu bemerken, daß das Pumpenrad von jetzt an dem Hydrauliköl in keinem Drehzahlpunkt mehr so viel Beschleunigung erteilen kann wie zuvor, weil es sich, am Punkt 1 ankommend, bereits in Umlaufrichtung um die Kupplungsachse befindet. Daraus ergibt sich ein Abfall im übertragenen Drehmoment, der von der zugleich ansteigenden Drehzahl aber im wesentlichen ausgeglichen wird.

(Zur schematischen Darstellung von Turbine und Pumpe sei noch vermerkt, daß sie in Wirklichkeit ähnlich dicht beieinander liegen wie es Abb. 6.1 zeigt. Für die grafische Erläuterung der Geschwindigkeits-Vektoren mußten wir die beiden Schaufelreihen auseinanderrücken.)

GRENZEN DER FUNKTION

Die Flüssigkeitskupplung unterliegt etwa den gleichen einschränkenden Faktoren wie die Reibungskupplung: Es gibt keine Drehmomenterhöhung am Ausgang, und bei starkem Schlupf wird unerwünscht viel Wärme erzeugt. Infolge ihrer automatischen Funktionsweise ohne irgendeine Steuerung von außen her ist diese Kupplungsart nur in Verbindung mit nachgeschalteten Übersetzungen verwendbar, die durch Bandbremsen oder Reibungskupplungen zum Eingriff gebracht werden. Aus diesem Grunde fiel der hydraulischen Kupplung auch erst im Zusammenhang mit der Anwendung von Planetengetrieben eine wichtige Rolle in der Kraftfahrzeugtechnik zu (vgl. Abschnitt 17).

Ähnlich im Aussehen, doch wesentlich komplizierter im Aufbau und dazu geeignet, ein erhöhtes Ausgangsdrehmoment abzugeben, ist der Drehmomentwandler (allgemein kurz »Wandler« genannt). Dieses in Kapitel 16 beschriebene Kupplungselement ist substantieller Bestandteil vieler moderner Kraftübertragungen.

7. Stufenlose Kraftübertragungen

Jede Art Schaltgetriebe, bei welcher wahlweise eine von mehreren Übersetzungen in Eingriff gebracht wird, leidet zu einem gewissen Grade unter der Notwendigkeit, den Kraftfluß zu den Rädern für jeden Gangwechsel unterbrechen zu müssen. Mit Hilfe von Synchronvorrichtungen (Abschn. 9) und Planetensätzen (Abschnitt 17) läßt sich zwar die Zeit für den Gangwechsel in Grenzen halten, doch die Unterbrechung der Kraftübertragung zu den Rädern — wie kurz sie auch sei — läßt sich nie gänzlich ausschalten. Und einen stoßfreien Gangwechsel erhält man auch nur, wenn man der Motordrehzahl, der Fahrgeschwindigkeit und dem gewählten Gang die notwendige Aufmerksamkeit schenkt: Die Insassen würden einen Satz nach vorn tun, wenn man beim Herunterschalten, und nach rückwärts, wenn man beim Hinaufschalten nicht auf die richtige Motordrehzahl achtgäbe.

Wen wundert es daher, daß im Laufe der Jahre manche Kraftübertragung erschien mit dem Ziel, den Übersetzungsbereich stufenlos von langsam bis schnell durchfahren zu können. Derartige Systeme verwenden keine Zahnradsätze, sondern übertragen die Motorkraft über Hebel, Reibräder, Ketten und Keilriemen mit verstellbaren Scheiben, oder durch die Bewegung von Flüssigkeiten von einer Pumpe zu einem Hydraulikmotor.

Stufenlos arbeitende Kraftübertragungen vereinigen vom Prinzip her drei wichtige Vorteile in sich: Es gibt während der Fahrt keine Zugkraftunterbrechungen; zweitens gibt es keine leerlaufenden Räder oder Wellen, die — womöglich im Öl quirlend — Leistung verbrauchen; schließlich kann innerhalb des verfügbaren Bereiches zu jedem Fahrzustand die genau passende Übersetzung eingeschaltet werden.

HEBELSYSTEME

Nur geringe Produktionszahlen erreichten seinerzeit die Hebelsysteme von Constantinesco und De Lavaud, und es müßte gewiß erst eine wirklich zuverlässig arbeitende und geräuscharme Konstruktion hervorgebracht werden, um das Interesse an dieser ingeniösen Art der Kraftübertragung wieder aufleben zu lassen. Vielleicht werden die beiden genannten Systeme sich später einmal in die Liste derjenigen Erfindungen auf dem Gebiet des Automobils einreihen, die, zunächst belächelt und vergessen, mit der Entwicklung neuer Werkstoffe und besserer Technologien in verändertem Gewand wiederauferstanden sind.

REIBRADGETRIEBE

Das Schema einer sehr einfachen Form des Reibradgetriebes, bei welchem zwei Reibscheiben auf rechtwinklig zueinander angeordneten Wellen das Antriebsmoment übertragen, zeigt die Abbildung 7.1. Derartige Antriebe wurden einst z. B. in Autos von Crouch, GWK und Carter und in

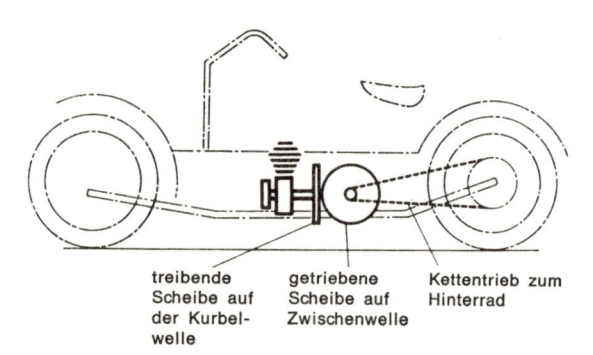

Abb. 7.1 Einfaches Reibradgetriebe

treibende Scheibe auf der Kurbelwelle

getriebene Scheibe auf Zwischenwelle

Kettentrieb zum Hinterrad

dem bemerkenswerten Motorrad »NER-A-CAR« (unser Bild) verwendet. Die Kraftübertragung geschieht durch das federbelastete Aneinanderdrücken der beiden Scheiben, das der Fahrer mit Hebel oder Pedal steuern kann. Für langsame Fahrt berührt die getriebene Sekundärscheibe die treibende Primärscheibe nahe dem Mittelpunkt und stellt damit das größtmögliche Übersetzungsverhältnis zwischen der Kurbelwelle des Motors und der querliegenden Abtriebswelle her, und das heißt höchstes Antriebsmoment bei geringster Drehzahl. Seitliches Verschieben der Sekundärscheibe auf der Keilwelle gegen den Rand der Primärscheibe zu bewirkt einen kontinuierlichen Anstieg der Abtriebsdrehzahl. Die Bauteile lassen sich zwar billig herstellen, doch wegen des ständigen Schlupfes bilden sich gern Abflachungen und Verschleißstellen an den Arbeitsflächen, hauptsächlich in der Gegend der langsamen »Gänge«.

Stets trat bei diesen Reibradgetrieben entlang der Berührlinie schon deshalb hoher Verschleiß auf, weil der Radius und demnach auch die Umfangsgeschwindigkeit der Primärscheibe an den Enden der Berührlinie größer als in der Mitte ist. Leider brauchten die Scheiben auch sehr viel Bauraum und ließen sich deshalb kaum in einem Auto unterbringen (gleichwohl gelang dies bei dem sauber verkleideten NER-A-CAR recht gut). Daß die ausgeführten Antriebe einen schlechteren Wirkungsgrad hatten als Ketten und Zahnräder, erklärt — zusammen mit dem nachteiligen Verschleißverhalten — vollends das Verschwinden dieser simplen Reibradgetriebe.

HAYES-GETRIEBE

Bei diesem System aus den dreißiger Jahren (Abb. 7.2) waren scheibenförmige Wälzkörper aus gehärtetem Stahl zwischen den treibenden und

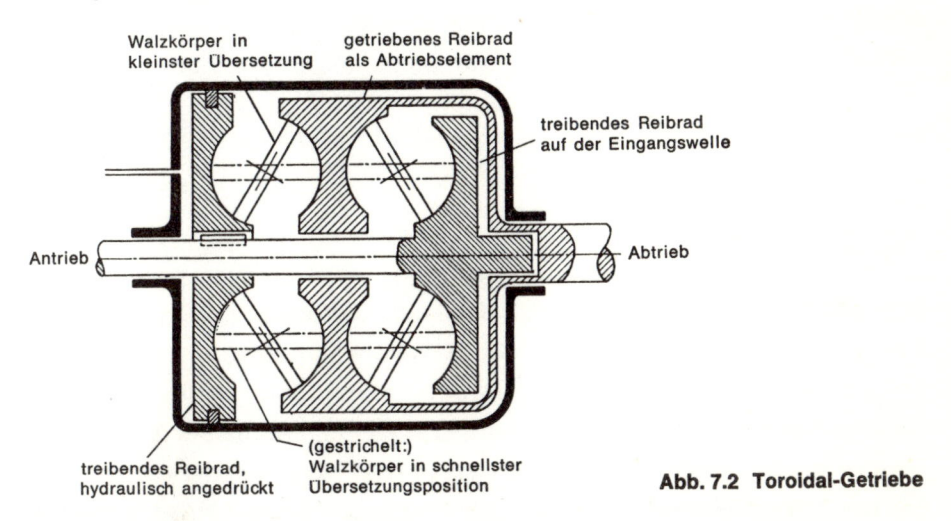

Abb. 7.2 Toroidal-Getriebe

getriebenen Laufflächen durch axial wirkenden Öldruck eingeklemmt. Der Druck konnte entsprechend dem zu übertragenden Moment geregelt werden. Die stufenlose Übersetzungsänderung erfolgte über die Schrägstellung der Wälzkörper, wobei sich die wirksamen Berührungshalbmesser an treibendem und getriebenem Reibrad änderten. Die an der (günstigstenfalls) linienförmigen Kontaktstelle auftretenden Belastungen mögen etwa denen von Rollenlagern ähnlich gewesen sein. Wegen der Tangentialkräfte aus dem zu übertragenden Antriebsmoment war jedoch die Beanspruchung in diesem System erheblich größer, denn die an den Arbeitsflächen erzeugte Wärme verschlang mehr als 10 % der übertragenen Leistung.

Ursprünglich fand das Hayes-Getriebe einen recht erfolgversprechenden Markt vor; doch Schäden im Betrieb und der Ausbruch des Zweiten Weltkrieges brachten es rasch in Vergessenheit. Eine ähnliche Konstruktion unter dem Namen Perbury-Trieb hatte später einen kurzen, aber beachtlichen Auftritt und erlebte sogar als Generatorantrieb an einem Flugmotor ein Comeback. In diesem Anwendungsfall, bei dem die Generatordrehzahl über das ganze Motorfeld konstantgehalten werden muß, arbeitet das System voll zufriedenstellend. Wahrscheinlich sind hier die Beanspruchungen doch weit niedriger als beim Fahrzeugantrieb, der gerade beim Anfahren aus dem Stillstand am Berg außerordentlich hohen Reibungskräften ausgesetzt ist. Möglich, daß dieses Prinzip auch recht günstige Aussichten für den Einbau zwischen Motor und Wandler hätte — ein Anwendungsfall, bei dem ihm nur das Motordrehmoment, aber nicht die extremen Anfahrbelastungen zugemutet würden.

RIEMENTRIEBE

Antriebe mit Keilriemen und verstellbaren Riemenscheiben sind eine erfolgreiche Neuauflage einer Mechanik, die in der Frühzeit des Motorrades schon einmal hoch angesehen war. Damals war dieser direkte Antrieb von der Kurbelwelle zum Hinterrad wegen seiner Einfachheit verlockend. Philipson und Zenith brachten verstellbare Keilriemenscheiben nur für den Motor, ihr Gesamtsprung war dementsprechend klein, und der Riemen war beim Philipson-Antrieb im langsamen Gang so lose, daß es zuweilen schwer war zu sagen, in welchem Maße die höhere Motordrehzahl bloß von diesem lockeren Riementrieb herrührte.

Dagegen fand man beim Rudge Multi verstellbare Riemenscheiben sowohl am Motor als auch am Hinterrad, und dazu ein Gestänge, welches das eine Scheibenpaar zusammenschob, während sich das andere auseinanderbewegte. Auf diese Weise blieb die Riemenspannung ziemlich konstant, und die Gesamtübersetzung konnte wesentlich größer gehalten werden als dort, wo nur eine Riemenscheibe verstellbar war. Das Gestänge betätigte man von Hand, und zusätzlich war auf der Kurbelwelle eine Lamellenkupplung angeordnet. Diese Mechanik funktionierte sehr zuverlässig und war auch bis auf eine relativ hohe Anfahrübersetzung und die Neigung des Riemens, bei feuchtem Wetter zu rutschen, recht angenehm im Betrieb.

Größter Schwachpunkt dieser Triebe war die geschraubte Riemenverbindung, an deren Schrauben immer wieder der Riemen ausriß. Seit jenen Tagen hat man mit Erfolg endlose Keilriemen entwickelt und sie in vielen Nebenantrieben und Industrie-Aggregaten verwendet, und erst in jüngerer Zeit tauchten sie in verschiedenen Motorrädern und einem Auto wieder auf. Doch keine dieser Ausführungen erlangte mehr die Einfachheit jener alten, direkten Kraftübertragungen von ehedem mit dem treibenden Pulley auf der Kurbelwelle und dem getriebenen auf der Hinterradnabe, deren Nachteil man zu vermeiden suchte: Der Direkttrieb hatte hinten oft einen sechsmal so großen Riemenscheibendurchmesser erfordert wie vorn, ein Verhältnis, bei welchem der Umschlingungswinkel der vorderen Scheibe so klein wird, daß hoher Schlupf und rascher Verschleiß auftreten.

In moderneren Systemen bildet der Riementrieb nur eine Stufe der Kraftübertragung, und die Scheibendurchmesser weisen geringere Unterschiede auf, also etwa wie in Abbildung 7.3. Die Riemenwerkstoffe wurden

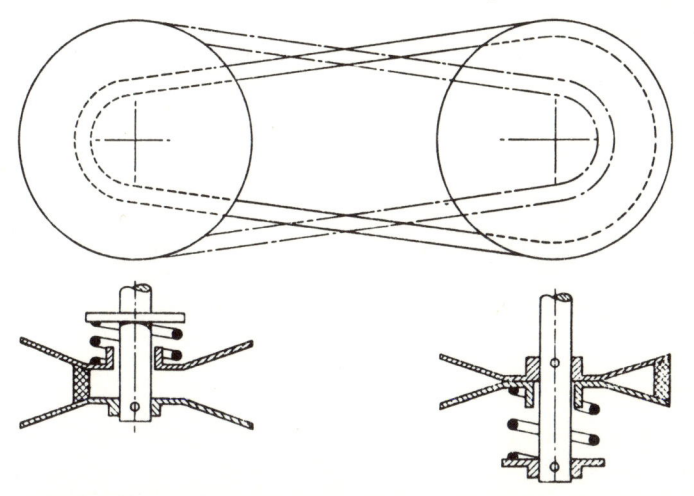

Abb. 7.3 Keilriementrieb mit stufenlos verstellbaren Scheiben

erheblich verbessert, und mit den endlosen Riemen gibt es auch keine Nahtstellenprobleme mehr.

Das Prinzip des variablen Keilriementriebes enthält von Haus aus einen gewissen Automatik-Effekt (ein hohes Antriebsmoment überwindet die Druckfeder des treibenden Scheibensatzes und zieht den Riemen auf einen kleinen Durchmesser; das bedeutet »Anfahr- oder Bergübersetzung«). Dennoch ist es üblich, entweder eine manuelle oder eine vollautomatische Steuerung zu verwenden — letztere wie beim PKW-Antrieb von DAF, der im Abschnitt 20 beschrieben ist.

Zwei weitere Formen der stufenlosen Kraftübertragung — nämlich den hydraulischen Drehmomentwandler und den hydrostatischen Antrieb — werden wir gesondert in Abschnitt 16 bzw. 25 behandeln.

Ganz allgemein dürfte gelten, daß alle auf Reibung beruhenden stufenlosen Antriebe weniger effektiv sind als die normalen Wechselgetriebe mit Vorgelege, die Gegenstand des nächsten Kapitels sind.

8. Wechselgetriebe

Im täglichen Sprachgebrauch haben sich nach und nach Begriffe gebildet wie »langsame« und »schnelle«, »niedrige« und »hohe« Gänge oder »kurze« und »lange« Übersetzungen. Wir werden uns nach Möglichkeit bemühen, bei Verwendung der üblichen Ausdrücke alle Mißverständnisse auszuschließen.

EINSTUFIGE ZAHNRADÜBERSETZUNG

Wenngleich die Verzahnungslehre ein überaus wichtiges Fachgebiet ist, so läßt der Rahmen dieses Buches ihre Behandlung nicht zu. Wir verzichten daher auf die korrekte zeichnerische Ausarbeitung der Zähne und zeigen sie in vereinfachter Weise, wie etwa in Abb. 8.1. Wenn eine Ansicht längs einer Getriebewelle gemeint ist, deuten wir Fußkreis, Kopfkreis und Teilkreis beider kämmenden Zahnräder an; bei Darstellungen im rechten Winkel dazu werden wir regelmäßig einen Schnitt durch die Zahnräder legen (8.1, rechte Hälfte). Unsere Erklärungen gelten der Einfachheit halber immer für eine nicht korrigierte Geradverzahnung.
Die beiden Teilkreise eines Radpaares sind zwei einander berührende Kreise. Sie sind so bemessen, daß zwei schlupffrei aufeinander abwälzende, glatte Zylinder mit diesen Durchmessern dasselbe Drehzahlverhältnis haben würden, wie es das Zähnezahlverhältnis der beiden Zahnräder ergibt. Da die Zähne am Umfang jedes Zahnrades gleichmäßig verteilt sein müssen, um akkurat einzugreifen, muß auch jeweils ein bestimmtes Verhältnis zwischen Zähnezahl und Teilkreisdurchmesser existieren — ein Faktum, auf das wir noch zurückkommen werden.
Wenn eine Drehzahlübersetzung von nur einem Radpaar bewirkt wird, bezeichnet man sie als einstufig (Abb. 8.1). Derartigen einstufigen Übersetzungen — wenngleich mehrfach nebeneinander — begegnen wir in Indirektgetrieben (VW, Hillmann Imp u. a.), wo die Eingangswelle häufig zuerst am Achstrieb vorbeiläuft und dann über eines von mehreren einstufigen Radpaaren auf die Abtriebswelle wirkt. Alle Indirektgetriebe (Abb. 8.2)

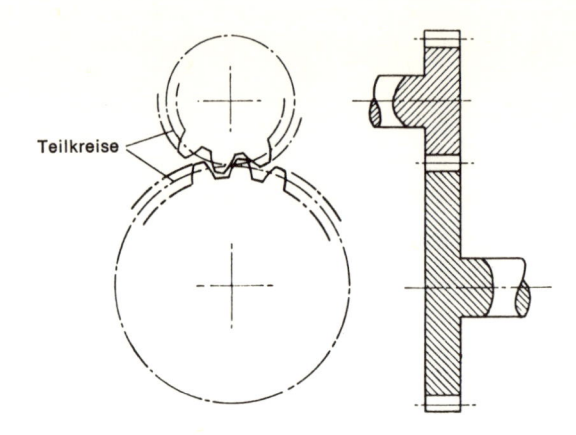

Abb. 8.1 Einstufiger Stirnradsatz

tragen das besondere Merkmal, daß in jedem, auch im obersten Getriebegang, die Kraft über ein Zahnradpaar, also über zwei Wellen laufen muß. Die Bedeutung dieser Tatsache wird gleich klarer, wenn wir das Indirektgetriebe mit dem Direktgetriebe und seinem zweistufigen Aufbau vergleichen.

In den folgenden Texten verwenden wir die Benennungen A, B, C, usw. für die Übersetzungen entsprechend den abgebildeten Zahnrädern, wobei diese Buchstaben sowohl für die Zähnezahl als auch für den Teilkreisdurchmesser gelten können.

ZWEISTUFIGE ZAHNRADÜBERSETZUNG

Bei der in Abb. 8.3 gezeigten zweistufigen Übersetzung verläuft der Antrieb vom Eingang A nach B, einem Rad auf der Vorgelegewelle, und durch diese hindurch zum Rad C und schließlich D auf der Abtriebswelle. Damit werden in diesem Fall drei Wellen benutzt, und die Zahl der Umdrehungen der Eingangswelle für jede Umdrehung am Getriebeausgang hängt vom Produkt der zwischengeschalteten Übersetzungen ab.

Sind die Zähnezahlen A, B, C und D wie in Abb. 8.3, so ist das Drehzahlverhältnis

$$\frac{\text{Eingang}}{\text{Ausgang}} = \frac{D}{C} \times \frac{B}{A}$$

Neben der zweistufigen Gruppe in Abb. 8.3 haben wir zum Vergleich eine einstufige mit dem gleichen Übersetzungsverhältnis und einem gleich gro-

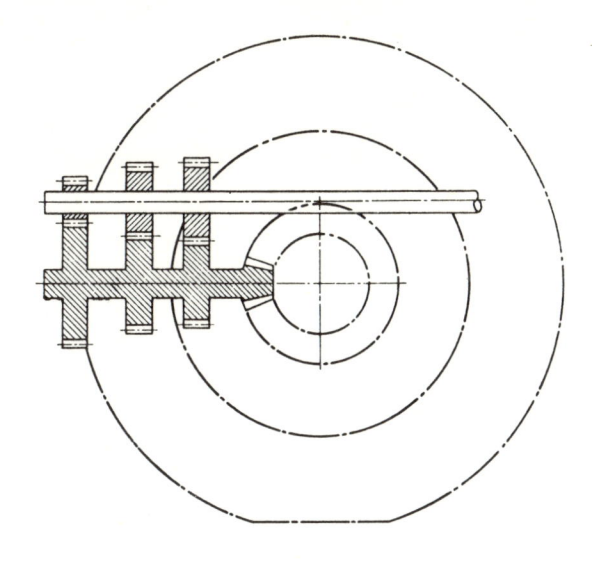

Abb. 8.2 Anwendungsfall für einstufige Stirnräder

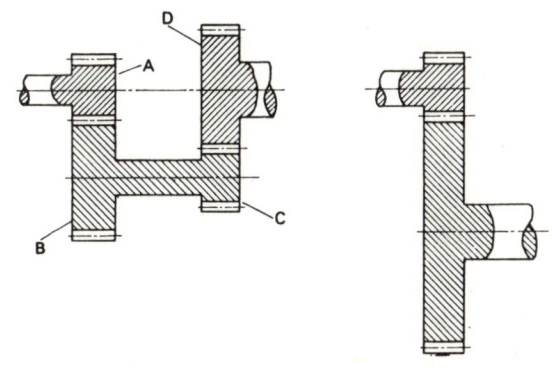

Abb. 8.3 Gegenüberstellung von zwei- und einstufiger Stirnradübersetzung

ßen Zahnrad am Eingang aufgezeichnet. Der zweistufige Aufbau ist deutlich kompakter, und vielfach ist es auch von Vorteil, daß An- und Abtrieb in einer Flucht liegen.

ZWEIGANGGETRIEBE

Ein zweistufiger Radsatz nach Abb. 8.3 eignet sich vorzüglich für die Ausbildung eines einfachen Wechselgetriebes, bestehend aus einer reduzierten, langsamen Übersetzung unter Einschaltung aller vier Zahnräder, und einem direkten Durchtrieb, bei dem Ein- und Ausgangswelle miteinander fest gekuppelt werden. Hierzu ist es allerdings zuvor nötig, daß man den

Antrieb von der Vorgelegewelle (B, C) zur Ausgangswelle trennt. Das erreicht man z. B. dadurch, daß man Rad D auf einem Keilprofil seitlich verschiebt, bis es außer Eingriff mit C ist, und vielleicht stirnseitig Klauen an Rad D anbringt, die sich in solche des Rades A axial einschieben lassen.
Die geschilderte Ausführung stellt ein simples Zweigang-Schaltgetriebe mit geringstem Bauaufwand dar, doch technisch vorteilhafter ist eine Anordnung gemäß Abb. 8.4, in welcher eine separate Klauenkupplung mit

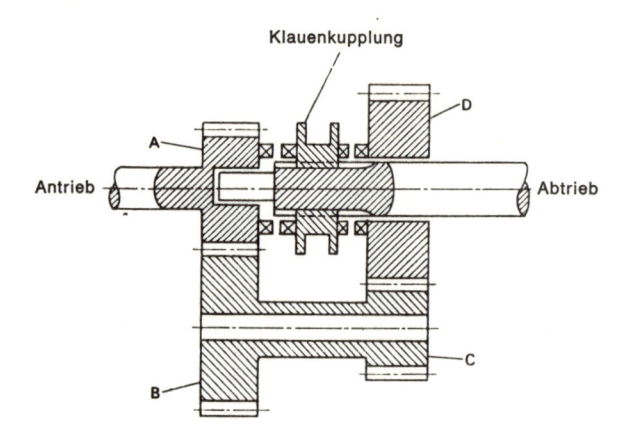

Abb. 8.4 Zweigängiges Stirnradgetriebe mit Vorgelege B–C

Keilprofil auf der Abtriebswelle wechselweise Rad D (untersetzt) oder Rad A (direkt) mit der Welle verbinden kann. D muß dann auf der Abtriebswelle frei drehbar angeordnet sein. Auf diese Weise bleiben alle Zahnräder im Dauereingriff und werden vor Verschleiß und Schäden geschützt, wie sie leicht auftreten können, wenn man zwei Verzahnungen bei ungleichen Umfangsgeschwindigkeiten ineinanderschieben will. Im direkten Gang muß stets mit einem gewissen Schleppmoment gerechnet werden, das von der Ölverquirlung durch die leerlaufende Vorgelegewelle und von der Reibung in den verschiedenen Lagerstellen ausgeht. Mit den modernen dünnen Getriebeölen und der allgemeinen Verwendung von Wälzlagern fallen solche Verluste heute jedoch kaum mehr ins Gewicht.
Dieses einfache Zweigang-Schaltgetriebe finden wir nur bei Leichtmotorrädern oder als Multiplikatorstufe bei Nutzfahrzeugen in Verbindung mit dem eigentlichen Schaltgetriebe, das auf diese Weise über die doppelte Anzahl Gänge verfügt.
Die Zahl der Gänge eines Getriebes und deren Übersetzungsverhältnisse stellen notwendigerweise einen Kompromiß dar. Stehen z. B. nur zwei

Gänge zur Verfügung, so darf der schnellere nicht so hoch liegen, daß man allzu oft zum langsameren greifen muß, und nicht so niedrig, daß der Motor bei Reisetempo zu hoch dreht. Der Anfahrgang wiederum muß so viel Drehmoment an die Räder bringen, daß das Auto auch den steilsten zu erwartenden Berg hinaufkommt. Er soll aber nicht so stark untersetzt sein, daß es unangenehm ist, ihn an einer Steigung zu benutzen, die für den schnelleren gerade etwas zu steil ist. Aus diesem Dilemma ist der augenfällige Ausweg ein weiterer Gang zwischen den beiden Extremen, eine Stufe, die man für diejenigen Fahrzustände einsetzt, bei denen das Momentenangebot im oberen Gang zu knapp und im unteren zu reichlich ist.

DREIGANGGETRIEBE

Eine der einfachsten Möglichkeiten, drei Getriebegänge mit nur einem Schieberad zu erhalten, zeigt die Abbildung 8.5. Den ersten oder Anfahrgang schaltet man durch Zusammenfügen der Klauen des Schieberads F mit denen am Rad D, so daß dieses mit der Abtriebswelle rotiert, auf der es ansonsten frei drehbar gelagert ist. Die Kraft fließt von A nach B, dann durch die Vorgelegewelle und von C nach D, und wir erhalten das Drehzahlverhältnis

$$\frac{\text{Eingang}}{\text{Ausgang}} = \frac{D}{C} \times \frac{B}{A}$$

Den zweiten der drei Gänge schalten wir, indem wir Schieberad F mit E in Eingriff bringen. Der Antrieb verläuft dann von A nach B und von E nach F, und die Drehzahlen werden

$$\frac{\text{Eingang}}{\text{Ausgang}} = \frac{F}{E} \times \frac{B}{A}$$

Den dritten, direkten Gang schließlich ergibt die weitere Axialbewegung des Schieberades F bis zum Eingriff seiner Klauenzähne in diejenigen von Rad A. Damit sind Ein- und Ausgangswelle direkt gekoppelt. (Wenn von »Schieberädern« die Rede ist, so sind diese stets mit ihrer Welle über ein Mitnehmerprofil drehfest verbunden.)

Ein solcher Aufbau ist einfach, doch das Einschieben der Zähne von F in die von E erfordert Aufmerksamkeit und Routine, sonst verursachen die

Verzahnungen laute Kratzgeräusche und können Schaden nehmen. Diese Nachteile vermeidet man, wenn man alle Gänge über Klauen schaltet. In manchen Motorradgetrieben bleibt das Radpaar E—F beisammen und wird

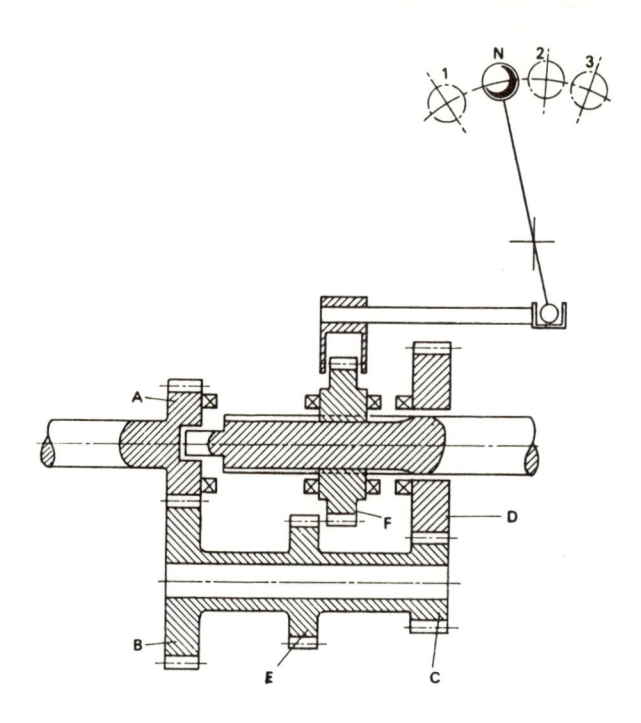

Abb. 8.5 Dreiganggetriebe

als Block hin und her bewegt, um mit den Klauen von A und D zusammenzukommen. Natürlich ist hier Rad E nicht mehr starr mit der Vorgelegewelle verbunden, sondern kann in der linken und rechten Position frei umlaufen und greift nur in der Mittelstellung in ein Zahnprofil auf der Welle ein.

Da man für Motorräder keinen Rückwärtsgang braucht, käme man bei dieser Art von Dreiganggetrieben mit einer einzigen Schaltebene aus, in welcher der Schalthebel alle Gangstellungen durchläuft und nur im Leerlauf und im zweiten Gang durch eine Kulissenführung am unbeabsichtigten Weiterschalten gehindert wird. Doch die Einführung der Fußschaltung mit positivem Anschlag für jede Gangstellung ließ den Handschalthebel für Motorräder bald ganz verschwinden. Der Fußschalthebel ist federbelastet und kehrt nach jeder Betätigung automatisch in eine Mittelstellung zurück. Jede Schaltung erfolgt aus der Mittelstellung heraus bis zu einem Anschlag oben oder unten; ein Überschalten eines Ganges ist daher nicht möglich.

Jede derartige Fußschaltung ist eine »Folgeschaltung«, d. h. es ist mit einer Pedalbewegung immer nur möglich, in den jeweils höheren oder niedrigeren Gang zu kommen. Dies ist sogar auch bei mehr als drei Gängen noch kein Nachteil, weil ja nur ein mehrmaliges kurzes Anticken nötig ist, um z. B. nach dem Anhalten vom höchsten in den niedrigsten Gang zu kommen.

Ist ein Rückwärtsgang erforderlich, so besitzt das Getriebe in aller Regel mehr als nur ein Schiebeelement und ist damit entsprechend komplizierter im Aufbau.

DER RÜCKWÄRTSGANG

Wie ein Rückwärtsgang-Satz im Dreiganggetriebe angeordnet sein kann, illustriert Abb. 8.6. Hier verwendet man ein freilaufendes Zwischenrad auf eigener Achse. Mit ihren Schieberädern für einige der Gänge ist diese Getriebebauart zwar schon etwas veraltet, doch der simple Aufbau läßt die Eingriffsweise eines Rückwärtsganges besonders deutlich erkennen.

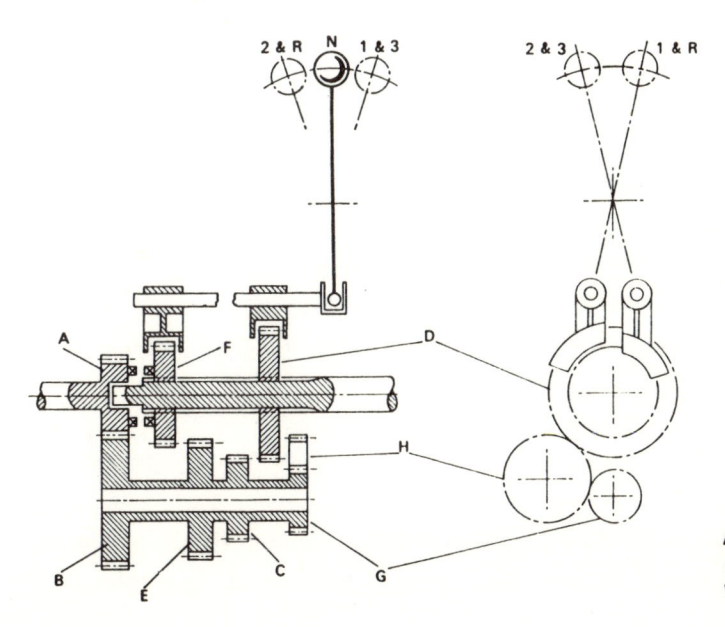

Abb. 8.6 Dreiganggetriebe mit Rückwärtsgang

Die Schiebebewegung des Rades F besorgt nach links den direkten (dritten) und nach rechts den mittleren (zweiten) Gang, während die des Rades D nach links den ersten und nach rechts den Rückwärtsgang ergibt. Bei letzterem handelt es sich um den Eingriff zwischen D und H, wodurch der Antrieb in dieser Position folgendermaßen läuft: von A nach B, von G zum Rücklaufrad H und von dort nach D; das Einschalten eines Zwischenrades kehrt die Drehrichtung um.

VIERGANGGETRIEBE MIT RÜCKWÄRTSGANG

So, wie drei Gänge besser sind als zwei, ist es auch mit vier Gängen leichter als mit dreien, eine günstige Stufung zu erzielen und dafür zu sorgen, daß der Motor möglichst selten mit Unter- oder Überdrehzahlen arbeiten muß, weil der passende Gang nicht vorhanden ist.
Die Ausführung eines Viergang-Fahrzeuggetriebes nach Abb. 8.7 wurde zur Erläuterung gewählt, um die Anwendung von Dauereingriffsrädern für den 2. und 3. Gang einem durch Schieberad geschalteten 1. Gang gegenüberzustellen. Die Zahnräder H und F für den 2. und 3. Gang sind lose auf

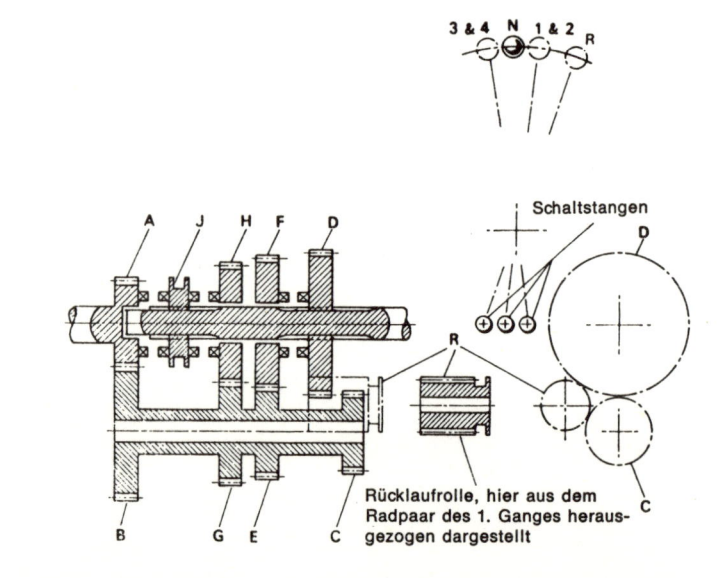

Abb. 8.7 Vierganggetriebe mit Rückwärtsgang

Rücklaufrolle, hier aus dem Radpaar des 1. Ganges herausgezogen dargestellt

der Antriebswelle gelagert (»Losräder«) und werden mit dieser erst durch Kuppeln der Klauenzähne am Schieberad D bzw. an der Schaltmuffe J drehfest verbunden. (D und J sitzen natürlich über ein Keilprofil drehfest auf der Welle.)

Den 1. Gang hingegen erhalten wir dadurch, daß das Schieberad D in die Verzahnung des Festrades C auf der Vorgelegewelle eingeschoben wird. Damit verläuft der Kraftfluß von A nach B und von C nach D. Der 2. Gang wird, wie gesagt, durch die Klauen des Schieberads D geschaltet, so daß die Kraft von A nach B und dann von E nach F übertragen wird. Ebenso entsteht der Kraftverlauf des 3. Ganges — von A nach B und G nach H — durch seitliches Verschieben der Schaltmuffe J und Eingreifen der Klauenzähne. Schließlich bewirkt man den direkten Durchtrieb des 4. Ganges von der Eingangs- zur Ausgangswelle durch Verschieben der Schaltmuffe J nach links, wo sich ihre Klauen mit denen der Eingangswelle am Rad A vereinen.

In dem hier gezeigten Getriebe ist das Rücklaufrad R im Dauereingriff mit Rad D, dem Schieberad des 1. Ganges. Wenn der Rückwärtsgang gebraucht wird, verschiebt man das Rücklaufrad so weit nach rechts, daß es außerdem mit Festrad C zum Eingriff kommt. Das zwischen C und D eingeschobene R kehrt die Drehrichtung der Abtriebswelle um.

Gegen diesen ständig mitlaufenden Rückwärtsgang gibt es den Einwand, daß bei Vorwärtsfahrt — die ja die Regel ist — viel Ölpantscharbeit und erheblicher Lagerverschleiß auftreten. Man könnte dies vermeiden, indem man das Rücklaufrad so weit nach rechts herausfährt, bis es frei von beiden Rädern (C und D) wäre, nur ergibt dieser überlange Schaltweg in der Regel Schwierigkeiten mit dem Schaltgestänge.

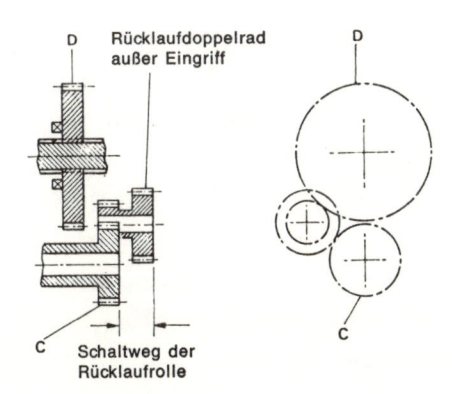

Abb. 8.8 Rückwärtsgang mit Doppelrad

Eine andere Anordnung verwendet ein abgestuftes Rücklauf-Doppelrad wie in Abb. 8.8 illustriert. Es läßt sich über einen recht günstigen Schaltweg in die Verzahnungen von C und D einschieben und wirft daher keine Betätigungsprobleme auf, erfordert jedoch zum Einlegen des Rückwärtsganges zwei gleichzeitige Einschübe, nämlich die kleinere Verzahnung in D und die größere in C.

Für gebräuchliche Vierganggetriebe sind somit drei Schaltstangen erforderlich: eine für die Wahl des 1. und 2. Ganges, die benachbarte für den 3. und 4. Gang, die dritte allein für den Rückwärtsgang. Auch der Schalthebel bewegt sich dann in drei Wählebenen (Abb. 8.9). Zwischen den Gassen

Abb. 8.9   Schaltbild (Vierganggetriebe)

der Vorwärtsgänge kann der Hebel frei hin und her bewegt werden, das Getriebe ist im Leerlauf. Um den Rückwärtsgang zu schalten, muß man dagegen den Hebel zumeist hochziehen oder hinabdrücken, zuweilen auch nur eine starke Anschlagfeder überwinden. Diese Mittel sorgen dafür, daß die Wahl des Rückwärtsganges gewollt ist und versehentliche Schaltungen während der Fahrt ausgeschlossen sind. Die Wählebene für den Rückwärtsgang kann, je nach konstruktiver Ausführung, links oder auch rechts von den Vorwärtsgassen liegen.

Nutzfahrzeuge mit Sechsganggetrieben brauchen noch eine dritte Ebene für Vorwärtsgänge, insgesamt also vier Gassen. Ist die Anzahl der Gänge ungerade, so hat man im allgemeinen die Position gegenüber dem Rückwärtsgang zur Verfügung — im LKW wie im PKW am häufigsten im Falle des Fünfganggetriebes. Werden für Lastwagen und Busse durch Einbau eines Multiplikators (der die Anzahl der Gänge verdoppelt) acht oder mehr Stufen vorgesehen, so kann jede Position des Schalthebels nach Abb. 8.9 zwei verschiedene Übersetzungen bedeuten, je nachdem, welche Multiplikatorstufe gerade im Eingriff ist. Beim Fahrzeug mit je vier Straßen-

und Geländegängen wird z. B. in derselben Position der 1. und der 5. Gang, in der nächsten der 2. und 6. Gang usf. gefahren.

MEHR ALS VIER GÄNGE?

Außer Kosten- und Gewichtslimits gibt es theoretisch nichts, was die Hinzufügung weiterer Gänge durch zusätzliche Zahnradpaare beschränken könnte. Doch eine Patentlösung für die richtige Anzahl Gänge für jeden Fahrer und jeden Einsatzfall gibt es wegen der vielen unbekannten Faktoren leider nicht. Man muß bedenken, daß eine Erweiterung der Abstufung die Frage aufwirft, ob der zusätzliche Zeit- und Kraftaufwand für das Schalten durch eine verbesserte Transportleistung gerechtfertigt wird. Diese aber hängt von einer Reihe Faktoren ab: von der aufgewendeten Schaltzeit (weil ja so lange der Antrieb des Wagens unterbrochen ist), aber auch von der Fahrweise des Fahrers. Profis und Enthusiasten werden im allgemeinen viel Sinn für eine optimale Anzahl gut abgestufter Gänge haben, mit denen die höchstmöglichen Fahrleistungen erzielbar sind. Anderen, die ihren Wagen mehr als Mittel zum Zweck ansehen, genügt häufig ein bequem schaltbares, simples Getriebe.
Die Anordnung von mehr als vier oder fünf Gängen im Getriebe hat für gewöhnlich zur Folge, daß die Wellen sehr lang werden, aus Festigkeitsgründen wesentlich dicker gehalten werden müssen und zusätzliche Lager brauchen. Denn ungenügende Steifigkeit der Getriebewellen bedeutet Durchbiegung unter der Last der Drehmomente, und diese wiederum verursacht schlechte Zahneingriffe, damit unzulässige Geräusche und raschen Verschleiß.

GETRIEBE MIT ZWEI VORGELEGEN

Unerwünscht lange Getriebewellen kann man vermeiden, wenn man zwei identische Vorgelegewellen zu beiden Seiten der Hauptwelle anordnet, welche jeweils das halbe Drehmoment zu übertragen haben. Der doppelte Zahneingriff an den Rädern der Hauptwelle ermöglicht eine wesentliche Verminderung der Radbreiten, und die einander entgegengesetzten Richtungen der Übertragungskräfte verhindern das Auftreten von Biegemomenten in der Hauptwelle. Auf diese Weise können in einem sehr kompakten Getriebe fünf Gänge untergebracht werden. Dabei hilft es sehr, daß man die Verbindungselemente zum Kuppeln der Räder mit der Hauptwelle innerhalb der Zahnradbreiten, also ohne vorstehende Klauen, unterbringen kann.

Eine andere Art von doppelten, jedoch nicht identischen Vorgelegewellen stellt Abb. 8.10 dar. Zwei verschieden große Räder A und G auf der Antriebswelle befinden sich in ständigem Eingriff mit entsprechenden Festrädern B und H der Vorgelegewellen, die demgemäß mit unterschiedlichen Drehzahlen umlaufen, aber nur dann Kraft übertragen können, wenn eine ihrer Schaltkupplungen L bzw. M eines der Losräder mit ihnen verbindet.

Der Kraftverlauf im 1. Gang ist demnach von A nach B und C nach D; im 2. Gang über dasselbe Vorgelege von A nach B und E nach F. Beide unteren Gänge werden also über die Schaltmuffe M eingelegt. Die Muffe L dagegen tritt in Aktion für den 3. Gang mit Kraftfluß von G nach H und von I nach D, und für den 4. Gang über dasselbe Vorgelege von G nach H und von K nach F. Einen möglichen fünften Gang, der in der Abbildung nicht dargestellt ist, könnte man als direkte Wellenverbindung zwischen Rad G und Rad F anordnen.

Im Vergleich mit einem normalen Getriebe mit nur einer Vorgelegewelle wird dieses Aggregat sehr kompakt. Den Vorteil einer gegenseitigen Aufhebung der Momente auf die Hauptwelle (wie bei der zuvor geschilderten

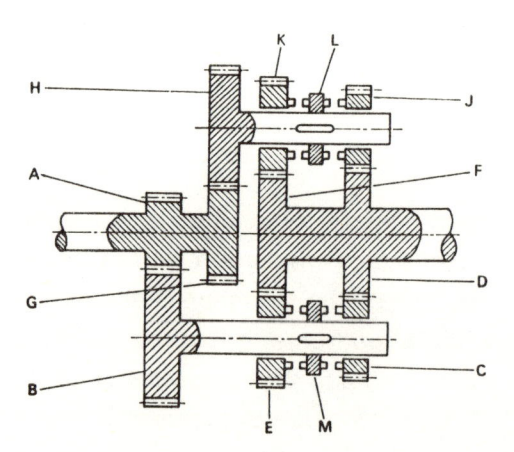

Abb. 8.10 Vierganggetriebe mit zwei Vorgelegen

Bauart) gibt es hier freilich nicht, weil die Vorgelege nicht zur gleichen Zeit und auch nicht gleich hohe Kräfte übertragen.

NACHSCHALTGETRIEBE (»RANGE«)

Werden mehr als vier oder fünf Gänge benötigt, so bedient man sich zumeist eines Zweigang-Nachschaltgetriebes ähnlich Abb. 8.4, das hinter dem normalen Vier- oder Fünfganggetriebe angeordnet wird. Wie dieses Zusatzgetriebe im einzelnen Fall eingesetzt wird, mag unterschiedlich sein, doch die Übersetzungen werden bei dieser Bauweise in der Regel so gewählt, daß sich zwei komplette Bereiche (»Ranges«) ergeben: Der »langsame« vom niedrigsten bis zum direkten Gang des Hauptgetriebes bei langsamer Übersetzung des Nachschaltgetriebes, und anschließend der »schnelle« Bereich, indem man auf den 1. Gang des Hauptgetriebes zurückgeht, gleichzeitig die obere, direkte Stufe im Zusatzgetriebe schaltet und wieder die Gänge durchläuft bis zum höchsten. Leider gibt das gleichzeitige Umschalten in Haupt- und Zusatzgetriebe gewisse Betätigungsprobleme auf.
Früher, als man dafür zwei getrennte Hebel verwendete, war es nicht üblich, für den normalen Fahrbetrieb beide Bereiche zu durchlaufen. Vielmehr ließ man für Straßenfahrt das Nachschaltgetriebe im »schnellen« Gang und schaltete den »langsamen« nur ein, bevor man ins Gelände oder auf die Baustelle fuhr. Mittlerweile bedient man sich aber zur Erleichterung durchweg irgendeiner Art von Servobetätigung, so daß nun z. B. ein kleiner Schalter am Knopf des Schalthebels für bequeme Betätigung des Zusatzgetriebes sorgt.

VORSCHALTÜBERSETZUNG (»SPLITTING«)

Eine Vielzahl von Getriebegängen erhält man ähnlich wie zuvor geschildert, indem man ein Zweiganggetriebe nicht hinter, sondern vor dem Hauptgetriebe anordnet. Diese »Splitting«-Stufe kann aus Planetenrädern oder aus einem Stirnradsatz wie in Abb. 8.11 bestehen. Anstelle des üblichen festen Antriebsrades auf der Eingangswelle ist hier das Rad A als Losrad ausgebildet, das nur dann mit der Welle drehfest verbunden wird,

Abb. 8.11 Getriebe mit »Splitting«-Stufe

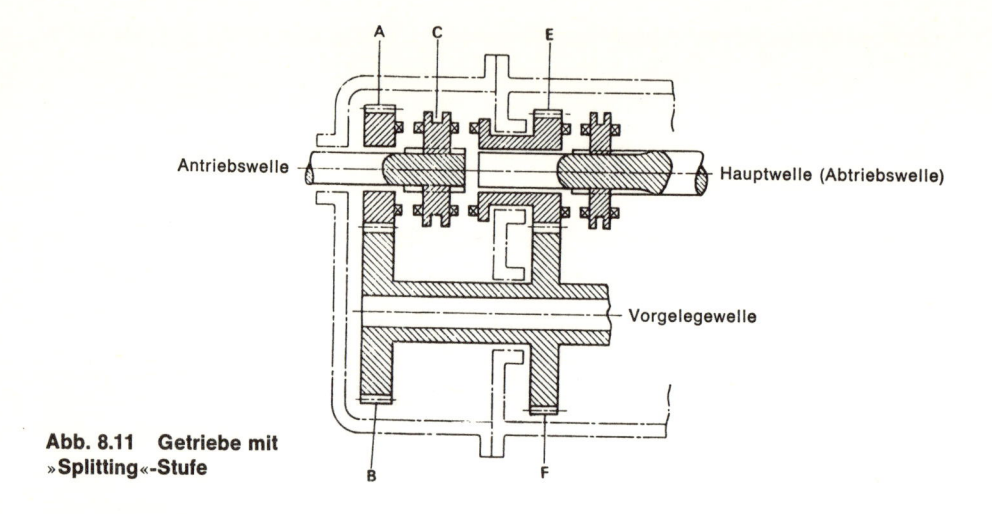

wenn die auf derselben Welle verzahnte Schiebemuffe C in ihrer linken Position steht. In diesem Fall verläuft der Kraftfluß von A nach B und durch die Vorgelegewelle zu demjenigen Radpaar im Hauptgetriebe, das der Fahrer gewählt hat. Der andere Fall, nämlich eine direkte Verbindung der Eingangswelle mit dem Losrad E, wird durch Verschieben der Schaltmuffe C nach rechts erreicht. Der Kraftfluß führt dann vom Getriebeeingang aus direkt in das Hauptgetriebe und von E nach F.
Im Gegensatz zum »Range«-Getriebe mit zwei kompletten, aufeinanderfolgenden Gangbereichen hat die Vorschaltübersetzung regelmäßig die Aufgabe, jedem Hauptgetriebegang eine etwas langsamere Alternative zuzuordnen, die im Übersetzungsverhältnis jeweils zwischen zwei benachbarten Gängen liegt und deren Anzahl durch »Aufsplitterung« verdoppelt. Die »Splitting«-Gruppe wird fast durchweg mit Servokraft geschaltet.
In den bisher gezeigten Abbildungen haben wir bewußt stets einfache Klauenkupplungen dargestellt, um das Verständnis der erläuterten Systeme zu erleichtern. Heutzutage werden Verzahnungen und Klauen aber erst nach Erreichen einer Synchrondrehzahl eingerückt. Dafür sorgen Mechanismen, wie sie im folgenden beschrieben werden. Denn wenn diese fehlen würden, müßte man stattdessen recht hohe Ansprüche an die Geschicklichkeit des Fahrers im Umgang mit Kupplung, Gas und Schalthebel stellen, um ein Getriebe in allen Fahrzuständen rasch, geräuschlos und schonend zu schalten.

9. Synchronisiertes Schalten

Eines der Ziele jedes Kraftübertragungssystems ist es, die jeweils erforderliche Übersetzung mit einer möglichst kurzen Unterbrechung des Kraftflusses vom Motor zu den Reifen in Aktion zu bringen. Reibrad-, Riemen- und Flüssigkeitsgetriebe erfüllen diese Forderung in hohem Maße, während das einfache mechanische Getriebe hier recht schlecht abschneidet. Bei ihm nämlich bedarf es einer ganz ausgefeilten Schalt- und Kuppeltechnik, um Zahnräder oder Klauenkränze leise und ohne das Risiko einer Überbeanspruchung miteinander in Eingriff zu bringen.

Sind die Zahnräder im Dauereingriff und müssen nur Klauenzähne ineinandergeschaltet werden, so verringert sich das Risiko schon erheblich. Denn Klauen lassen sich leichter in Eingriff bringen, und selbst wenn sie beschädigt werden, bleiben die Laufverzahnungen vor den Verletzungen verschont, die beim Zusammenfügen von Schieberädern drohen.

Wegen des von den Zahnrädern übertragenen Drehmoments wäre es nicht ratsam und zumeist auch gar nicht möglich, ein mechanisches Getriebe zu schalten, ohne vorher Gas weggenommen und die Kupplung ausgerückt zu haben. Aber damit nicht genug: Ein sauberer Gangwechsel verlangt, daß die Relativbewegung der beiden zu kuppelnden Teile annähernd gleich Null ist.

Während die Drehzahl der Abtriebswelle (das ist auch die Hauptwelle des normalen Schaltgetriebes) von der momentanen Fahrgeschwindigkeit des Wagens abhängt, richtet sich diejenige der Antriebswelle nach der Motordrehzahl — jedenfalls so lange, wie die Kupplung eingerückt ist. Wird sie ausgerückt und steht der Schalthebel im Leerlauf, so verlangsamt sich die Drehzahl der Antriebswelle, und zwar in Abhängigkeit von den Massenträgheitsmomenten von Kupplungsscheibe, Antriebswelle, Vorgelegewelle und Losrädern der Hauptwelle. Alle diese Teile fassen wir der Einfachheit halber als »zu synchronisierende Massen« zusammen. Daneben spielen Reibung in Lagern und Dichtringen sowie die Ölverquirlung ebenfalls eine wichtige Rolle, und nicht zu vergessen natürlich das mehr oder weniger saubere Trennen der Kupplung selbst. Schaltet man nun in einen schnelleren Gang, d. h. »aufwärts«, so muß die Drehzahl der Antriebswelle relativ zu derjenigen des Abtriebs verringert werden, und dazu tendiert sie ja nach dem Auskuppeln ohnehin schon. Nur dauert uns dies im allgemeinen zu lange, besonders wenn die rotierenden Teile große Trägheit besitzen. Also kann man die mit dem Gaswegnehmen und Auskuppeln abgefallene Motordrehzahl nützen und — mit dem Schalthebel in »Neutral« — noch einmal kurz einkuppeln. So werden die umlaufenden Teile zusätzlich verzögert. Danach kuppelt man noch ein weiteres Mal aus, um den nächsthöheren Gang einzulegen, der dank dieses Manövers nun geräuschlos eingreift.

Soll dagegen in einen langsameren Gang oder »abwärts« geschaltet werden, muß die Motordrehzahl bei dem zuvor beschriebenen kurzzeitigen Einkuppeln (Schalthebel in »Neutral«) durch Gasgeben erhöht werden. So erhält man die Aufstockung der Antriebswellendrehzahl, die für das Abwärtsschalten notwendig ist, um die zu schaltenden Verzahnungen in Gleichlauf zu bringen. Das Zwischengas richtig zu dosieren, erfordert viel Geschicklichkeit vom Fahrer, vor allem wenn der Sprung in der Übersetzung groß ist, und der zeitliche Ablauf der einzelnen Phasen will ebenfalls richtig gewählt sein. Ausschlaggebend ist aber, daß der Fahrer die Drehzahl des Motors am Geräusch abschätzen oder auf andere Weise überwachen kann. Das mag bei sportlich-offenen Wagen und LKWs ganz gut gehen, wird jedoch schwieriger z. B. bei gut schallgedämpften Limousinen oder Fahrzeugen, besonders Bussen, mit weit entfernt im Heck liegendem Motor. Aber sogar der perfekte Fahrer, der das Zwischengasgeben voll beherrscht, verliert bei diesem Manöver gewöhnlich mehr Zeit und — vor allem am Berg — mehr Tempo, als ihm lieb ist.

Das mechanische Getriebe dieser Bauart ist zwar von einer derben Einfachheit, die sowohl den Herstell- als auch den Unterhaltskosten zugutekommt, doch es läßt den Wunsch offen nach unkomplizierterem und schnellerem Schalten, das letztlich erst unter optimaler Nutzung des Motors die bestmöglichen Fahrleistungen erbringt. Mit dem Aufkommen von Planetengetrieben (vgl. Abschnitt 17), die beispielhaft für leichte Bedienbarkeit sind, wurde die Industrie gezwungen, das mechanische Schaltgetriebe derart weiterzuentwickeln, daß sich bei zumutbarem baulichem Mehraufwand die Bedienung entscheidend vereinfachte.

Am meisten verbreiteten sich die Getriebe mit Kegel- oder ähnlichen Reibvorrichtungen, mit deren Hilfe die Wellendrehzahlen während der Öffnungsphase der Kupplung einander angeglichen, also synchronisiert werden. Da die Abtriebsdrehzahl des Getriebes untrennbar mit der Fahrgeschwindigkeit einhergeht, ist eine Beeinflussung nur auf der Antriebsseite möglich, d. h. man muß Kupplungsscheibe, Antriebswelle, Vorgelegewelle und die Losräder der Hauptwelle zum Erreichen des Gleichlaufs beschleunigen bzw. verzögern.

KEGEL-SYNCHRONISIERUNG

Die Synchronvorrichtung nach Abb. 9.1 besteht aus einer Schiebemuffe oder Schaltmuffe A, die mit Rad B in Eingriff gebracht werden kann und auf dem Keilprofil der Führungsmuffe C axial verschiebbar ist. Die Führungsmuffe ist in gleicher Weise verschiebbar auf dem Ende der Hauptwelle D und bildet den Außenteil einer Kegelkupplung, dessen Gegenkegel fest am zu schaltenden Rad B angeformt ist. Federbelastete Sperrkugeln im Körper der Führungsmuffe halten die Schaltmuffe in der Mittelstellung und sorgen dafür, daß beide Teile bei geringem Widerstand gemeinsam axial verschoben werden, bis die Kegel aneinander liegen. Eine weitere Axialbewegung der Schaltmuffe ist dann nur mit Überwindung der Sperrfedern möglich; dabei werden die Kegel fest gegeneinander gedrückt, und im allgemeinen erreichen die Getriebewellen (B und D) Gleichlauf, bevor die Sperrkugeln von der Muffe überdrückt sind. Danach

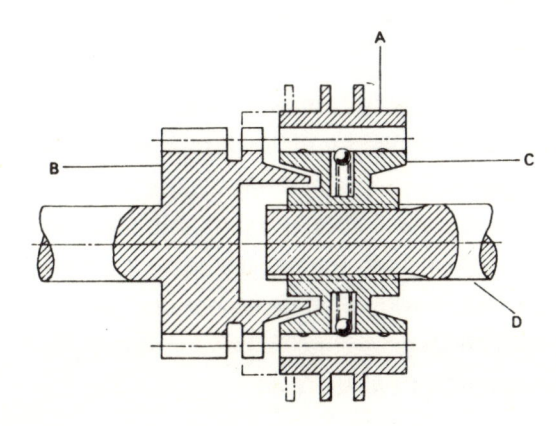

Abb. 9.1 Kegel-Synchronisierung

kann die Schaltmuffe axial in die vor ihr liegenden Kupplungszähne eingeschoben werden.

Die beschriebene Bauform enthält keinerlei Vorrichtung, die den Fahrer hindert, schneller und kraftvoller zu schalten, als es dem Synchronisiervorgang entspricht. Er kann die Schaltverzahnungen also zusammenbringen, bevor die Reibkegel Zeit genug für das Erreichen des Gleichlaufs finden. Für diese unkorrekte Behandlung rächt sich das Getriebe mit unschönen Kratzgeräuschen und schnellem Verschleiß.

SPERRVORRICHTUNGEN

Das Risiko, die Synchronvorrichtung durch schnelles Schalten unwirksam zu machen, wird nahezu vollständig ausgeräumt durch das Anordnen einer Hemmvorrichtung. (Der Ausdruck »Sperrvorrichtung« ist von der Funktion her nicht ganz exakt, wird aber dennoch zumeist verwendet.) Abb. 9.2 zeigt eine Sperrsynchronisierung einfacher Art. Schalt- und Füh-

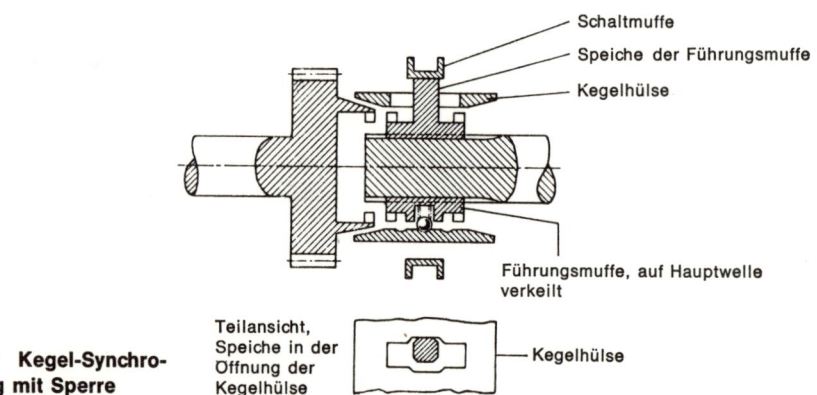

Abb. 9.2 Kegel-Synchronisierung mit Sperre

rungsmuffe sind durch »Speichen« zu einem Teil verbunden, das auch die Schaltverzahnung trägt, während der Außenkegel als separate Hülse die Führungsmuffe umgibt. Die Speichen des Schaltmuffenkranzes und die Öffnungen in der Kegelhülse, durch die sie hindurchgehen, sind wegen ihrer besonderen Form in Abb. 9.2 unten noch einmal dargestellt. Wenn der Gang nicht geschaltet ist, liegen die vierkantigen Speichen im verbreiterten Mittelteil der Schlitze. Sobald zu Beginn einer Schaltung die Kegel der Synchroneinrichtung einander berühren, wird die Hülse durch die Reibung mitgenommen, bis sich die Speiche an einer der beiden Flächen des breiten Teils der Öffnung anlegt. Die Axialbewegung der Schalt-/Führungsmuffe wird nun dadurch begrenzt, daß der Vierkant an der Verengung des Schlitzes hängenbleibt: Eine Erhöhung der Schaltkraft würde nur die Kegel stärker zusammendrücken und die Herbeiführung des Gleichlaufs beschleunigen. Denn solange ein relatives Moment zwischen den Kegeln wirkt, resultiert dieses in einem Drehmoment, das die Hülse gegen die Vierkantspeiche drückt und sie an der weiteren Verschiebung an der Rampe vorbei hindert. Erst wenn Gleichlauf der Kegel erreicht und das Sperrmoment abgebaut ist, kann der Vierkant die Rampe passieren, die Hülse dabei leicht zurückdrehen und für den Eingriff der beiden Schaltverzahnungen sorgen. Sperrkugeln ähnlich den oben beschriebenen werden in diesem Fall nur verwendet, um die Raststellungen von Führungsmuffe und Kegelhülse zu einander zu definieren.

Eine auf demselben Prinzip beruhende Sperrsynchronisierung zeigt die Abb. 9.3. Statt der Kegelhülse haben wir hier zwei einzelne Kegelringe, die durch drei Abstandsstifte und drei speziell geformte Sperrstifte in ihrer Lage zu einander fixiert sind. Die Sperrstifte haben in der Mitte ihrer Länge eine Einschnürung, die in Leerlaufstellung in drei Bohrungen der Schalt-/Führungsmuffe zu liegen kommen, genau wie zuvor die drei Vierkantspeichen im verbreiterten Mittelteil der Hülsenöffnungen. Das Bild illustriert, wie in der Mittellage die an sich zum Stift passende Bohrung infolge des reduzierten Durchmessers recht viel Spiel hat. Die Berührung der einander zugeordneten Synchronkegel am Anfang einer Schaltung bewirkt die Mitnahme der Führungsmuffe in Reibrichtung relativ zu den Sperrstiften, bis die Stifte einseitig an der Wandung der Bohrungen anliegen (vgl. die vergrößerte Ausschnittskizze). Damit wird auch hier die weitere Axialbewegung der Schalt-/Führungsmuffe durch das relative Moment zwischen den zu synchronisierenden Teilen gehemmt, bis dieses Moment infolge Gleichlaufs abgebaut ist. Jede in der Sperrstellung an der Muffe aufgebrachte axiale Kraft dient allein dazu, die Kegel aufeinander zu pressen und den Gleichlauf rascher herbeizuführen. Bei Drehzahlgleichheit kann sich dann die Muffenbohrung von der Berührung mit dem Stift lösen und dessen schrägen Ansatz hinaufgleiten, bis die weitere Axialbewegung zum Eingriff der Schaltverzahnungen führt.

Abb. 9.3 Kegel-Synchronisierung mit Sperrstiften

Schalt-/Führungsmuffe

3 am Umfang gleichmäßig verteilte Sperrstifte mit Absatz in der Mitte

Vergrößerter Schnitt durch den Sperrstift, der in seiner Einschnürung die Muffe gefangenhält

Abstandsstifte

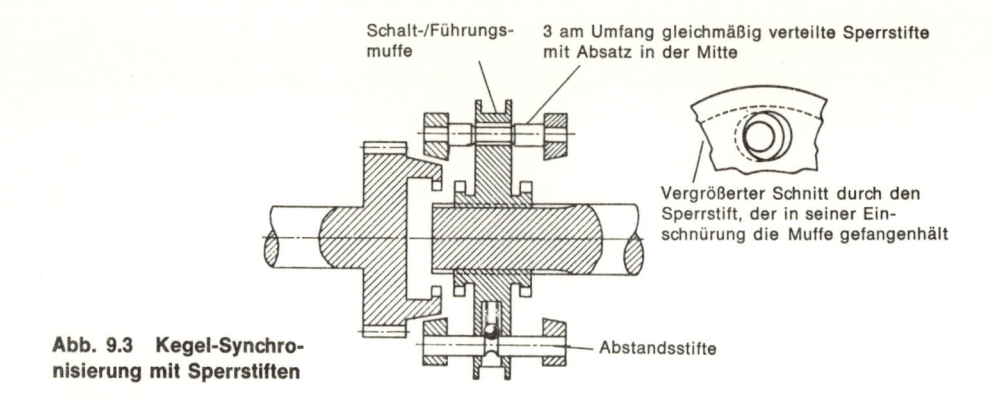

Manche Ausführungen dieses Synchronsystems verwenden federbelastete Kugeln, um die axial eingeleiteten Kräfte von der Muffe auf die Kegelringe zu übertragen und diese mit dem Gegenkegel in Kontakt zu bringen; eine andere benutzt der Länge nach geteilte Stifte mit einer Blattfeder dazwischen, welche die zwei Hälften auseinanderdrückt. In diesem Fall ordnet man auf dem gleichen Teilungsdurchmesser die drei Abstandstifte und die drei gefederten Sperrstifte an. Letztere sind in gleicher Weise wie oben tailliert und arbeiten nach demselben Sperrprinzip.

RING-SYNCHRONISIERUNG

Wenn auch der größere Teil aller Synchrongetriebe heute mit Kegelsystemen ausgestattet ist, so ist doch auch ein anderes, mittlerweile sehr erfolgreiches Synchronisiersystem bemerkenswert. Das Porsche-Prinzip bedient sich, wie wir gleich sehen werden, ganz anderer Mittel und erreicht mit ihnen eine besonders kräftige Synchronisierwirkung. Zur Erläuterung der Arbeitsweise betrachten wir zunächst die einfachste Bauform, wie sie Abb. 9.4 darstellt, obgleich diese kaum mehr in einem heutigen Getriebe zu finden sein dürfte.

Ein an einer Stelle aufgetrennter und daher federnder Ring mit einer umlaufenden kegeligen Abschrägung ist mit großem Spiel über die vorstehende Nabe des Antriebswellenrades geschoben. In seine Öffnung greift ein Anschlag, der — im Bild nicht sichtbar — mit der Nabe fest verbunden ist. Beim Verschieben der Schaltmuffe kommt deren innere Reibfläche mit der des Ringes in Berührung, nimmt ihn mit, bis er am Anschlag anliegt, und beginnt dann, ihn im Weitergehen zusammenzudrücken. Da

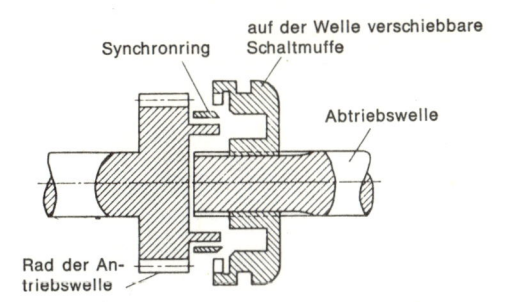

Abb. 9.4 Einfachste Ring-Synchronisierung

die in den geschlitzten Synchronring von der Schaltmuffe eingeleiteten Kräfte nach einer Exponentialfunktion anwachsen, kann mit geringer Schaltkraft ein ungewöhnlich hohes Synchronisiermoment erzeugt werden. Dies erlaubt einen sehr raschen Abbau des Drehzahlunterschieds zwischen den beiden zu synchronisierenden Wellen. Nach Erreichen des Gleichlaufs kann die Schaltmuffe den Ring vollends zusammendrücken und mit ihrer Verzahnung in die des Rades eingeschoben werden.

Diese einfache Ausführung besitzt keinerlei Sperrmechanismus und würde modernen Ansprüchen schon wegen des vorzeitig eintretenden Verschleißes kaum genügen können. Dazu ist die verbesserte Bauform mit ihren Sperrelementen (Abb. 9.5) weit eher in der Lage. Ihre Funktionsweise läßt sich vielleicht am besten verstehen, wenn wir die Einzelteile Stück für Stück beschreiben.

Die Führungsmuffe ist mit der Hauptwelle unverrückbar fest verbunden. Ihre drei Arme greifen in passende Ausnehmungen in der Schaltmuffe, die auf diese Weise drehfest, aber axial verschiebbar auf der Führungsmuffe sitzt. Die Schaltmuffe hat – ähnlich wie zuvor geschildert – die beiden Aufgaben, mit der Innenfläche das Synchronisiermoment aufzubauen, und mit der Schaltverzahnung später die formschlüssige Verbindung zwischen Rad und Hauptwelle herzustellen. Das mit einem Kragen versehene Zahnrad trägt und zentriert den Synchronring, der wie zuvor geschlitzt und an mindestens einer umlaufenden Kante kegelig angeschrägt ist. Zur Verbesserung seiner Lebensdauer erhielt er im Laufe der Jahre einen optimal verschleißfesten Überzug. Zwischen dem Ring und dem Kragen sind die Sperrelemente angeordnet: zwei Sperrbänder, ein Anschlag und ein Stein.

Die gezeigte Darstellung entspricht nicht ganz dem letzten Stand, erläutert jedoch die Arbeitsweise.

Wenn die Schaltmuffe nach links (im Bild) auf den Synchronring zu verschoben wird, berührt zuerst ihr Innenkegel den Arbeitskonus des Ringes und sucht ihn in Drehrichtung ein Stück mitzunehmen. Das geht so lange, bis die Ringöffnung an der Nase des Steins und dieser wieder am Ende des benachbarten Sperrbandes anliegt. Das Sperrband aber stützt sich mit seinem anderen Ende am Anschlag und über dessen Nase am Zahnradkragen ab, während sein krummer Rücken an der Innenseite des Synchronrings zur Anlage kommt. Die symmetrische Anordnung erlaubt übrigens den gleichen Ablauf des Synchronisiervorganges in beiden Richtungen, beim Beschleunigen wie beim Verzögern des Zahnrades.

Die eingeleitete Umfangskraft veranlaßt also das Sperrband, von innen her gegen den Synchronring zu drücken und zusätzlich zur eigenen Federspannung eine Stützkraft auf ihn auszuüben, die den Bemühungen der Schaltmuffe, den Ring zusammenzudrücken, entgegenwirkt. Und zwar wird die radikal nach außen gerichtete Stützkraft vom Sperrband auf den Synchronring um so größer, je höher das Reibmoment zwischen den beiden Arbeitskegeln ist. Da die Höhe des Reibmoments aber wiederum von der radialen Stützkraft direkt abhängt, baut sich hier ein Regelkreis auf, aus welchem bei kleiner eingeleiteter Schaltkraft — nochmals verstärkt

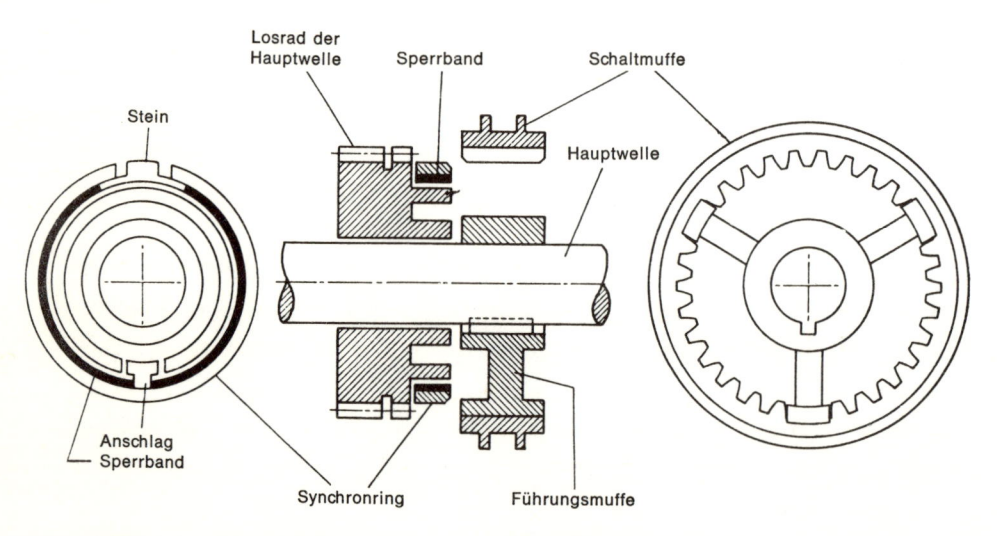

Abb.9.5 Porsche-Ringsynchronisierung mit Servowirkung

durch das progressive Anwachsen der Kräfte am geschlitzten Ring — ein außerordentlich hohes Synchronisiermoment entsteht.

Dieses hohe Moment bleibt bis zum Erreichen des Gleichlaufs bestehen und fällt erst dann gegen Null ab, wenn es keine nennenswerte Drehzahldifferenz zwischen den zu kuppelnden Wellen mehr gibt. Mit dem Gleichlauf bricht die aufgebaute innere Sperre zusammen, und der einzig verbleibende Widerstand gegen axiales Durchschalten der Muffe besteht nun in der Eigenspannung des Synchronringes. Wenn diese auch noch überwunden ist, kann die Muffe in die Schaltverzahnung des Zahnrades eingeschoben werden.

Alle diese Synchronisiervorrichtungen erfüllen die Aufgabe, die für den Gangwechsel erforderliche Zeit durch den Wegfall des doppelten Kuppelns abzukürzen. Setzt man voraus, daß die Kupplung während des Schaltvorgangs wirklich ausgerückt ist und geeignete Werkstoffe für die Synchronisierflächen verwendet werden, kann ein solcher Mechanismus die Lebensdauer des Fahrzeugs ungefähr erreichen.

Die Unterbringung der Synchronisierkegel oder Synchronringe an den Zahnrädern verursacht zwangsläufig eine Verlängerung des Getriebes, die bis zu 25 % gegenüber Schubrad- und bis zu 10 % gegenüber unsynchronisierten Dauereingriffsgetrieben betragen kann. Damit steigen zwar Gewicht und Kosten, doch das moderne Synchrongetriebe hält dennoch mit seinen Herstellkosten und seiner Servicefreundlichkeit den Vergleich mit allen möglichen Alternativen aus.

10. Der »Overdrive« — ein britisches Kuriosum

(Der Vollständigkeit halber werden im folgenden auch die fast ausschließlich in Großbritannien anzutreffenden »Overdrive«- oder Schnellganggetriebe mit ihren Varianten behandelt, deren technische Rechtfertigung in Fachkreisen außerhalb Englands zwar kaum bestritten wird, trotzdem aber bislang nur selten Impulse für eine kontinentale Verbreitung zu geben vermochte. Der Übersetzer.)

Bei der Betrachtung der Fahrleistungen eines Fahrzeugs ist es unumgänglich, die zur Überwindung der diversen Fahrwiderstände erforderliche Leistung mit der vom Motor her verfügbaren zu vergleichen. Der Autohersteller wird im allgemeinen eine Maschine einbauen, die mit den ungünstigsten Fahrzuständen noch fertig wird, für die das Auto ausgelegt ist. Damit ergibt sich ganz von selbst eine Reihe von Situationen, in denen man durchaus nicht die volle Motorleistung braucht. Die Spanne zwischen Angebot und Nachfrage im Teillastbereich ist beim Personenauto erheblich größer als beim Lastwagen, und das ist auch der Grund, warum in diesem und einigen der folgenden Kapitel überwiegend vom PKW und nur von Fall zu Fall von LKW-Kraftübertragungen die Rede ist.

In Abb. 10.1 bezeichnet die obere Kurve (a) die angebotene Motorleistung bei verschiedenen Fahrgeschwindigkeiten und die untere (b) diejenige Leistung, die zur Überwindung der verschiedenen Fahrwiderstände bei Vorwärtsfahrt auf ebener Straße mit jeweils konstant gehaltenem Tempo aufzubringen ist. Wir hatten bereits im 1. Kapitel von diesen Widerständen gesprochen und wollen hier nur hinzufügen, daß schon der sehr gleichförmige Widerstand zwischen Rad und Straße mit zunehmendem Tempo steigende Leistung erfordert, einfach weil pro Minute mehr Arbeit verrichtet werden muß. Dies aber gilt in weit stärkerem Maße für den Luftwiderstand, für dessen Überwindung mit steigender Fahrgeschwindigkeit eine unproportional größere Leistung aufzubringen ist. Deshalb steigt auch die untere Kurve nach rechts zu so stark an.

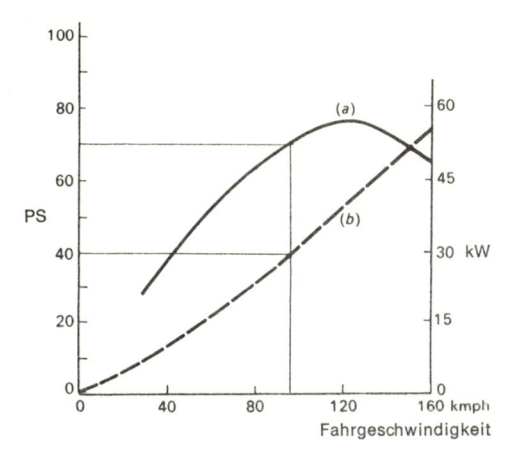

Abb. 10.1 Leistungsangebot und Leistungsbedarf
(a) angebotene Motorleistung
(b) Leistungsbedarf des Fahrzeugantriebs

Andererseits erreicht die verfügbare Motorleistung einen Höchstwert und sinkt danach infolge der inneren mechanischen Widerstände im Motor und dem Mangel an Verbrennungsluft mit höheren Drehzahlen rasch ab. Beide Kurven schneiden sich über der Geschwindigkeit (hier ca. 150 km/h), die der Wagen bestenfalls ohne Wind und auf absolut ebener Strecke erreichen könnte. Unterhalb dieses Punktes gibt der Motor durchweg mehr Leistung ab, als ohne Beschleunigung in der Ebene gebraucht wird. Und gerade diese Überschußleistung ist es, die nun entweder für das Beschleunigen oder für erschwerte Fahrbedingungen (Steigungen, Gegenwind, Sandwege usf.) zur Verfügung steht.

Für den in Abb. 10.1 dargestellten Fall braucht der Wagen 40 PS, um etwa 90 km/h einzuhalten, während der Motor bei diesem Tempo 70 PS abgeben könnte. Wenn die Reserve von 30 PS nicht für Steigungen oder zur Beschleunigung benötigt werden, muß man also die Motorleistung irgendwie drosseln. Die naheliegendste Art, dies zu tun, ist, die Drosselklappe weniger zu öffnen, d. h. den Mitteldruck über den ganzen Kreisprozeß der Verbrennung zu reduzieren, bei jedem Arbeitshub des Kolbens eine unter dem Höchstwert liegende Arbeit zu verrichten und damit an der Kurbelwelle weniger Drehmoment je Umdrehung aufzubringen.

Obwohl die natürlichste, ist diese Art der Drosselung nicht notwendigerweise auch die geeignetste Methode zur Leistungssteuerung. Aus bestimmten Gründen ist es sogar besser, die Motordrehzahl relativ zu derjenigen der Räder abzusenken, indem man einen ins Schnelle übersetzten Gang zwischenschaltet, einen »höheren« also als den üblichen direkten

Gang. Das gleiche Tempo wird nun mit niedrigerer Motordrehzahl gefahren, die Drosselklappe ist zur Abgabe derselben Leistung weiter geöffnet als zuvor. Die größere Drosselöffnung läßt den Mitteldruck ansteigen und bewirkt eine Anhebung des Drehmoments, die zum Ausgleich der niedrigeren Kurbelwellendrehzahl notwendig ist. Deckt man den Leistungsbedarf bei derart verringerter Drehzahl, so ergeben sich niedrigere Verluste an allen Nebenantrieben (Pumpen, Ventilator, Generator usf.) sowie innerhalb des Triebwerks, und Kolben, Pleuel, Ventile und Steuerteile werden mit weniger großen Beschleunigungskräften hin und her gerissen. Schließlich führt all dies zu größerer Wirtschaftlichkeit, geringerem Ölverbrauch und vermindertem Verschleiß im Motor.

Für den Fahrer ist das Fahren nicht so ermüdend, weil weniger geräuschvoll und vibrationsärmer, besonders bei schlecht isolierten Autos. Natürlich haben solche Vorteile auch ihren Preis: Es fehlt an Flexibilität, d. h. man kann mit offener Drosselklappe kaum zum Überholen beschleunigen oder eine Steigung befahren. Wenn das aber nötig ist, hat man in den direkten oder gar in einen kleineren Gang hinunterzuschalten. Damit erhöht man die Motordrehzahl bis zu jenem Punkt, an welchem wieder genügend Leistungsreserven verfügbar sind. (Die vorstehenden Ausführungen haben zwar grundsätzliche Bedeutung für alle Verbrennungsmotoren, wirken sich bei relativ langhubigen Maschinen aber besonders stark aus. Darin dürfte auch die Begründung für die Tatsache liegen, daß sich das zusätzliche Schnellganggetriebe fast nur in England mit seinen traditionell langhubigen Motorenkonzepten behaupten konnte. Der Übersetzer.)

Eine Übersetzungsstufe, die nach dem hier geschilderten Prinzip die Getriebe-Eingangsdrehzahl ins Schnelle übersetzt, wird zuweilen auch bei uns als Overdrive oder Schnellgang bezeichnet, kann jedoch ein ganz regulärer oberster Getriebegang sein, besonders z. B. in Fünfgang-PKW-Getrieben. Ein solcher langer Gang ist nicht nur bei Vollastfahrt von Nutzen, sondern hat gewisse Vorteile auch bei Teillast, wo dann allerdings der Motor kaum noch »antritt« und vom Fahrer mehr Schaltarbeit verlangt.

In England hat man nun diesen Gedanken sorgfältig kultiviert und eine Anzahl verschiedener Wege für die Herstellung eines Schnellgangs beschritten. Fast stets liegt ihnen die Idee zugrunde, daß eben der direkte Gang für den größten Teil der Zeit benutzt wird und zusätzlich eine ins

Schnelle gehende Übersetzung, eine Art »Komfortstufe«, zur Verfügung steht für die Fälle, in denen regelmäßig ein Minimum an Beschleunigung vonnöten ist.

Als einer der ersten brachte Daimler-England einen ins Schnelle übersetzten obersten Getriebegang, der an die Stelle eines anderen Zahnradpaars trat. Das ist eine Idee, wie sie konsequent bei LKW-Getrieben weiterverfolgt wurde, die entweder als »normale« Fünfganggetriebe mit direktem 5. Gang oder als Schnellganggetriebe mit direktem 4. und ins Schnelle gehendem 5. Gang lieferbar sind.

Eine Möglichkeit, einen Schnellgang darzustellen, ist die Verlängerung des Schaltgetriebes um ein Radpaar, das die Eingangsdrehzahl ins Schnelle überträgt. Im allgemeinen bedeutet das wiederum, dem Vierganggetriebe einen zusätzlichen fünften Gang hinzuzufügen. Der direkte vierte wird dann üblicherweise so gewählt, daß er den größten Fahranteil bewältigt, weil die Direktverbindung ohne Zahnbelastung und Wellenbiegung den höchsten mechanischen Wirkungsgrad verkörpert.

Wenn man von Planetensystemen absieht, denen wir uns im nächsten Abschnitt zuwenden, verlangt ein zusätzlicher Radsatz auch einen Mehraufwand in der Schaltbetätigung. Während für die Vorwärtsgänge des Vierganggetriebes gewöhnlich eine Schaltbewegung in zwei parallelen Ebenen ausreicht, wird man für den 5. Gang auch den Platz im Schaltbild vis-à-vis vom Rückwärtsgang belegen müssen, was möglicherweise zu einer recht unglücklichen Schalthebelbewegung führen kann.

Im Personenwagen bietet sich deshalb eine automatische oder wenigstens druckknopfgesteuerte Zuschaltung des Overdrive an, und bei Verwendung von Planetenradsätzen braucht nicht einmal die Fahrkupplung zum Schalten ausgerückt zu werden. Für den Fahrer ist eine solche Bedienung einfach und lädt zur wirklichen Ausnutzung des Angebotes ein. Dabei sind Planetenräder überdies relativ platzsparend, so daß ein Radsatz im vielfach vorhandenen, ungenutzten hinteren Getriebehals untergebracht werden kann. Wenn er für diesen Einbaufall konstruiert wurde, kann der Overdrive vorteilhaft als ein Extra angeboten werden, das sich ohne viel Aufwand zwischen Getriebe und Kardanwelle anordnen läßt.

Den hinter dem Getriebe liegenden Overdrive muß man jedoch vor den überhöhten Drehmomenten schützen, die in Verbindung mit den unteren

Getriebegängen auf ihn einwirken würden. Deshalb werden Overdrive-Betätigungen so ausgelegt, daß er nur mit dem obersten oder den beiden oberen Gängen zusammen zum Einsatz kommt. Bei günstig gewählter Abstufung verfügt dann selbst ein Dreigang-Schaltgetriebe mit Overdrive für den 2. und 3. Gang über ein erfreuliches Angebot an Fahrbereichen.

Gelegentlich kombiniert man den Schnellgang auch mit dem Kegeltrieb der Hinterachse, und in dieser Anordnung läuft bei geschaltetem »Schongang« außer Motor und Getriebe auch die Kardanwelle mit gemäßigter Drehzahl um.

In den spezifisch britischen Overdrives spielen Planetenradsätze eine so beherrschende Rolle, daß das folgende einführende Kapitel auch in diesem Zusammenhang besondere Beachtung verdient.

11. Grundlegendes zum Planetengetriebe

Der einfachste Planetenradsatz, wie ihn Abb. 11.1 darstellt, besteht aus dem Sonnenrad S, das fest auf der linken Welle sitzt, den Planetenrädern P, die auf dem Planetenträger (häufig auch Stern oder Steg genannt) C frei drehbar gelagert sind, und dem Ringrad A, um das oft ein Bremsband herumgelegt ist, von dem es unter bestimmten Bedingungen festgebremst wird. Die Planeten sind sowohl mit S als auch mit A im Dauereingriff.

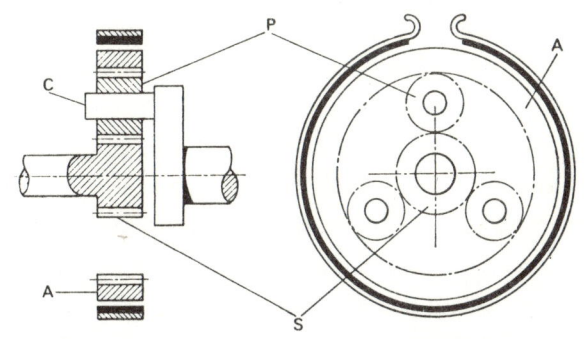

Abb. 11.1 Einstufiger Planetenradsatz

Soll das Planetengetriebe ein Drehmoment übertragen, so muß eines der drei Elemente S, C oder A zur Abstützung oder Reaktion herangezogen werden. Hält man zu diesem Zweck den Planetenträger C fest, so daß er das Reaktionsglied bildet, und leitet man das Antriebsmoment am Sonnenrad S ein, so rotieren die Planeten P und das Ringrad A ebenfalls. In diesem Fall liegen noch ganz normale Verhältnisse wie bei einem Stirnradtrieb vor, und die Übersetzung errechnet sich einfach aus den Zähnezahlen von S und A.

Setzt man die Haltekraft entweder am Sonnenrad oder am Ringrad an, so müssen die Planeten um ihre eigene Achse rotieren und zusätzlich entweder am festen Sonnenrad außen oder an der Innenseite des festen Ringrades entlanglaufen, also in jedem Fall den Planetenträger in Drehung versetzen. Bei den Bewegungsvorgängen mit Umlauf der Planeten um die Sonne verliert man wegen der überlagerten Bewegungen leicht die Übersicht.

Eine Berechnung der Übersetzungen ist hier in der Tat nicht ganz einfach, sofern man nicht von Anfang an die Planetenbewegung in ihre zwei Komponenten zerlegt. Die erste analytische Methode, die wir demonstrieren möchten, beruht auf der Tatsache, daß mit jeder Umdrehung des Trägers die Planeten an sich auch eine Umdrehung ausführen. Dies versteht man am besten, wenn man sich das Planetenrad auf seiner Achse festgefroren vorstellt und den Träger einen Umlauf machen läßt. In dieser Zeit nämlich vollendet das Planetenrad ebenfalls eine volle Umdrehung in derselben Richtung um die eigene Achse, obgleich es sich eigentlich nicht drehen kann. Und dieser volle Umlauf muß jeweils addiert bzw. subtrahiert werden, wenn man die Bewegungsverhältnisse ergründen und dabei von einem normalen Stirnradeingriff ausgehen will. In der nachfolgenden Berechnung wollen wir die Bewegung in einfache Schritte unterteilen, deren arithmetische Summe schließlich die Übersetzung ergibt (siehe Tabellen). Soll der Radsatz nach Abb. 11.1 ins Langsame übersetzen, so wird das Sonnenrad angetrieben, das Ringrad abgebremst und das Ausgangsmoment am Planetenträger abgenommen. Unsere erste Berechnungstabelle zeigt unter dem Strich, daß das Sonnenrad 4,1 Umdrehungen bei einem Umlauf des Planetenträgers ausführt, und zwar im gleichen Drehsinn. Damit haben wir eine Übersetzung ins Langsame, können jedoch Ein- und Ausgang umpolen und auch ins Schnelle übersetzen.

Die Abbildung 11.2 stellt hingegen einen Radsatz dar, dessen Antrieb über den Planetenträger erfolgt, dessen Sonnenrad abgebremst wird und dessen Ringrad den Abtrieb bildet. Die zugehörige zweite Berechnungstabelle sagt aus, daß das Ringrad 1,322 Umdrehungen bei einem Umlauf des Trägers vollendet. Auch in diesem zweiten Fall ist eine Umkehrung von An- und Abtrieb denkbar, und die Drehzahl würde mit 0,756:1 ins Langsame gehen.

Berechnung für Radsatz Abb. 11.1	Ringrad A	Planet P	Sonnenrad S	Plan.-träger C
Zähnezahl	59	20	19	0
Planetenträger gegen Verdrehen festhalten; eine positive Drehung am Ringrad A; dann die Bewegung der übrigen Räder berechnen:	+1	$\frac{59}{20}$	$-\frac{59}{20} \times \frac{20}{19}$ $= -3,1$	0
Räder und Planetenträger miteinander versperren; dann das Ganze eine Umdrehung in negativer Richtung:	−1	−1	−1	−1
Arithmetisch addieren: (Planeten ohne Bedeutung)	0		−4,1	−1

Berechnung für Radsatz Abb. 11.2	Sonne S	Planet P	Ringrad A	Plan.-träger C
Zähnezahl	19	20	59	0
Planetenträger festhalten; eine positive Drehung am Sonnenrad S; Bewegung der Räder berechnen:	+1	$-\frac{19}{20}$	$-\frac{19}{20} \times \frac{20}{59}$ $= -0{,}322$	0
Räder und Planetenträger versperren; dann das Ganze eine Umdrehung in negativer Richtung:	−1	−1	−1	−1
Arithmetisch addieren: (Planeten ohne Bedeutung)	0		−1,322	−1

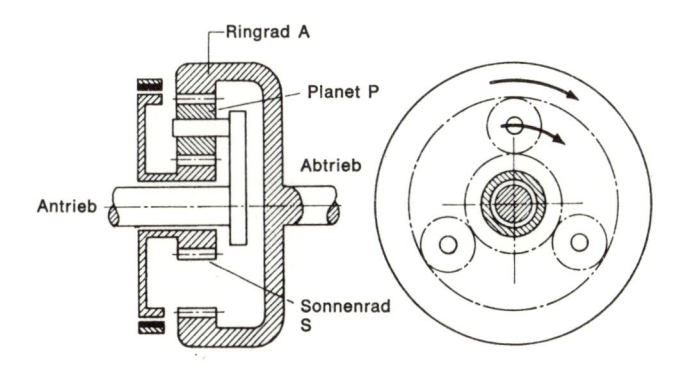

Abb. 11.2 Planetenradsatz als Overdrive

EINE ANDERE RECHENMETHODE

Für diejenigen Leser, denen das Vor und Zurück der soeben erläuterten Berechnung zu sehr nach Taschenspielerei aussieht, haben wir noch eine zweite grundlegende Berechnungsmethode ohne mathematische Tricks zur Hand.

Dabei betrachten wir zur Vereinfachung alle Zahnräder als glatte Walzen, die schlupffrei aufeinander abrollen können, und deren Außendurchmesser den eigentlichen Zähnezahlen proportional sind.

Wenn die Sonne S mit n_s Umdrehungen pro Minute rotiert, ist die Umfangsgeschwindigkeit v des Berührpunktes von S und P (die Buchstaben stehen für die Durchmesser der Räder): $v = \pi \cdot S \cdot n_s$, und das gilt für einen Punkt am Umfang von S wie von P, die ja miteinander eingreifen. Wenn — wie im ersten Beispiel zuvor — Ringrad A festgebremst ist, hat P eine Relativgeschwindigkeit Null am Berührpunkt mit Ringrad A, denn es rollt auf dieser fixierten Fläche einfach ab wie ein Reifen auf der Straße. Und wie beim Reifen, so bewegt sich der höchste, von der Fahrbahn entfernteste Punkt auch hier genau doppelt so schnell linear vorwärts wie die Achsmitte. Also muß die Achsmitte von Planet P sich halb so rasch vorwärtsbewegen wie der Berührpunkt von P und S, also mit ½ v oder $½ \pi \cdot S \cdot n_s$. Ferner ist der Durchmesser D, auf dem die Achsmitten der Planeten liegen, gleich S + P. Die Drehzahl n_c des Planetenträgers muß demnach gleich der Umfangsgeschwindigkeit der Planetenmitte, geteilt durch den zugehörigen Durchmesser (D) sein, also:

$$n_c = \frac{½ \pi \cdot S \cdot n_s}{\pi (S + P)} = \frac{S \cdot n_s}{2 (S + P)}$$

Damit ist die Übersetzung i zwischen Sonnenrad S und Planetenträger C:

$$i = \frac{n_s}{n_c} = \frac{n_s}{\frac{S \cdot n_s}{2 (S + P)}} = \frac{2 (S + P)}{S}$$

Mit S = 19 und P = 20 Zähnen wird:

$$i = \frac{2 \cdot (19 + 20)}{19} = 4,1 \text{ wie zuvor errechnet.}$$

Die gleiche Betrachtung, bezogen auf das zweite Beispiel eines Planetengetriebes, sieht dann folgendermaßen aus:

Bei einer Drehzahl n_c des Planetenträgers hat der Durchmesser (D = S + P) der Planetenachsmitten eine Umfangsgeschwindigkeit $v = \pi n_c (S + P)$. Da der Berührpunkt von P mit der gebremsten Sonne S stillsteht, bewegt sich der gegenüberliegende Berührpunkt von P mit Ringrad A mit der doppelten Geschwindigkeit wie die Planetenmitte, also mit 2 v oder $2\pi n_c (S + P)$.

Wenn der Abwälzdurchmesser des Ringrades A = S + 2 P ist, ergibt sich die Drehzahl von A mit:

$$n_A = \frac{2 \pi n_c (S + P)}{\pi (S + 2 P)} = \frac{2 n_c (S + P)}{(S + 2 P)}$$

und die Übersetzung i zwischen Ringrad A und Planetenträger C:

$$i = \frac{n_A}{n_c} = \frac{2 n_c (S + P)}{\frac{(S + 2P)}{n_c}} = \frac{2(S+P)}{(S+2P)}$$

Ist S = 19 und P = 20, so wird

$$i = \frac{2(19+20)}{(19+40)} = 1{,}322 \text{ wie zuvor ermittelt.}$$

Bevor wir nun zur Anwendung dieser Kategorie von Planetensätzen in britischen Overdrive-Konstruktionen übergehen, sollten wir noch einen Augenblick bei einer speziellen Variante verweilen: dem Kegelrädergetriebe, das unter anderem in den beiden interessanten Automatikgetrieben verwendet wird, die wir später in Abschnitt 23 und 24 behandeln.

KEGELRAD-PLANETENGETRIEBE

Jahrelang wurde die in Abb. 11.3 dargestellte Kegelradanordnung für den Luftschraubenantrieb von Flugmotoren in Sternform eingesetzt. Es handelt sich um ein Planeten-Reduktionsgetriebe, dessen Eingangskegelrad auf der Kurbelwelle sitzt und die »Sonne« A bildet. Der Planetenträger O liegt hier quer im Gehäuse und ist Teil der Propellerachse, und als Reaktionsglied fungiert ein zum Kegelrad umgeformtes »Ringrad« C, das fest mit dem Gehäuse verbunden ist.

Im einfachsten Fall, wo Kegelräder A und C gleich groß sind, zwingt die Drehung des Eingangskegelrades A die Planeten B, um das stillstehende Rad C herumzulaufen und den Planetenträger O, mithin die Propeller-

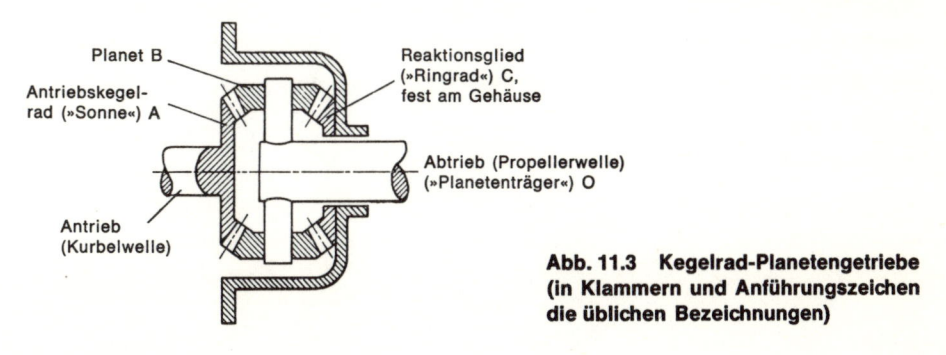

Abb. 11.3 Kegelrad-Planetengetriebe (in Klammern und Anführungszeichen die üblichen Bezeichnungen)

welle, in der gleichen Richtung mitzunehmen. Da der Berührpunkt zwischen Planet B und Rad C sich nicht rührt, wissen wir, daß die Planetenachse genau halb so schnell umlaufen muß wie der Berührpunkt zwischen A und B. Um demgemäß rotiert die Propellerwelle mit halber Kurbelwellendrehzahl. Die folgende Ermittlung bestätigt dies.

Für den gezeigten Kegelrad-Planetentrieb gilt also, daß die Eingangsdrehzahl 2:1 ins Langsame übersetzt wird.

Bezeichnung der Räder	C = A	B	A	0
„Planetenträger" festhalten; „Ringrad" C, als loses Rad gedacht, einmal in positiver Richtung herumdrehen:	+1	$\frac{C}{B}$	$-\frac{C}{B} \times \frac{B}{A}$ $= -\frac{C}{A} = -1$	0
Das Ganze verblocken und einmal negativ verdrehen:	−1	−1	−1	−1
Arithmetisch addieren:	0		−2	−1

12. Vorgeschalteter Planeten-Overdrive (Dauphine)

Nach dem Muster des zweiten Planetensatzes aus dem vorangegangenen Kapitel war das Schnellganggetriebe der Renault Dauphine ausgestattet (siehe auch Abb. 12.1). Dieser spezielle Einbaufall in einem französischen Modell war zwar schon deshalb bemerkenswert, vor allem aber, weil diese Stufe vor und nicht hinter dem Hauptgetriebe angeordnet war. An

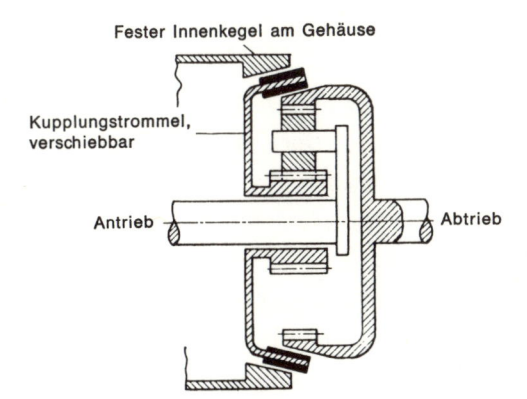

Abb. 12.1 Overdrive-Einheit mit Kegelkupplung

dieser Stelle im Kraftfluß konnte nämlich nie mehr als das maximale Motordrehmoment auf den Radsatz wirken, während er am Ende des Getriebes bei Benutzung mit einem der unteren Gänge weit mehr als dies hätte verkraften müssen. So konnte man ihm die Kombination mit jedem der Getriebegänge gefahrlos zumuten und bei entsprechend sauberer Abstufung aus einem Dreiganggetriebe volle sechs Gänge erhalten. Allerdings würde kaum ein Fahrer angesichts der günstigen Leistungsgewichte von Personenwagen sechs Gänge haben wollen, während eine solche Einheit bei Lastwagen mit ihren schlechteren Leistungsgewichten vielleicht als Splittinggruppe angebracht wäre.

Der Radsatz, von dem wir sprechen, erinnert sehr an den von Abb. 11.2, bei dem ebenfalls die Eingangswelle mit dem Planetenträger durch das hohle Sonnenrad hindurchgeführt und das Ringrad als Abtriebswelle ausgebildet ist. Neu ist ein Element, das der Overdrive-Einheit außer der

Übersetzung ins Schnelle auch den erforderlichen direkten Durchtrieb verleiht. Es handelt sich um das Schiebeglied einer doppeltwirkenden Kegelkupplung, dessen eine Seite dem direkten und die andere dem übersetzten Gang zugeordnet ist. Seine Nabe trägt das Sonnenrad, und seine konische Trommel kann einerseits am Gehäuse festgebremst, andererseits mit dem Ringrad kraftschlüssig gekuppelt werden. Die Zeichnung Abb. 12.1 stellt die Kupplung ausgerückt dar. Durch die Federkraft an das Ringrad fest angepreßt, liefert die Kupplung den direkten Durchtrieb, bei dem sich im Planetensatz nichts bewegt. Zur Betätigung des Overdrives rückt man mit Hilfe von Öldruck die Kupplung aus und bringt sie über die Mittelstellung hinweg mit dem Gehäuse in Kontakt. Damit kommt das Sonnenrad zum Stillstand, wird also Reaktionsglied und erlaubt in der beschriebenen Weise eine Übersetzung ins Schnelle.

Da man das Umschalten durch eine Reibkupplung vollzieht, die keinen Formschluß zwischen Schaltverzahnungen erfordert, braucht die Fahrkupplung für das Schalten des Overdrives nicht betätigt zu werden. Beim Hinaufschalten in den Schnellgang bewirkt die freigesetzte Energie des auf eine niedrigere Drehzahl gebremsten Motors eine kurze Fahrzeugbeschleunigung. Beim Zurückschalten in den direkten Durchtrieb muß man — wie auch sonst bei jedem Hinunterschalten eines Getriebes — achtgeben, daß man den Motor nach dem Schalten nicht überdreht, indem man den Gangwechsel bei zu hoher Fahrgeschwindigkeit ausführt.

Gegen den Schnellgang in dieser Anordnung vor dem Hauptgetriebe sprechen zwei freilich nicht unwichtige Fakten: Will man ihn als Sonderwunsch anbieten, so gibt es Probleme mit der baulichen Ausführung und einem nachträglichen Einbau; zum zweiten erhöhen die Trägheitsmomente des Planetenradsatzes diejenigen Massen empfindlich, die zum Synchronisieren der Getriebegänge beschleunigt und verzögert werden müssen.

Trotz der Vorzüge der beschriebenen Anordnung des Schnellgangs wird (und das wiederum vorwiegend in England; d. Ü.) der Platz hinter dem Getriebe als besonders günstig für den Overdrive angesehen. Eine solche Ausführung erläutert das folgende Kapitel.

13. Laycock-Overdrive hinter dem Getriebe

Hinter dem Getriebe, das bedeutet allgemein: in dem »Getriebehals«, der üblicherweise bei einem Auto mit konventionellem Antrieb zwischen Getriebe und Kardanwellenanschluß zu finden ist. Dieses Gehäuse ist so eine jener traditionellen Kompromißlösungen bei der Konstruktion vieler Autos, mit deren Hilfe man entweder Platz für das Keilnutenstück des vorderen Kardangelenks und den Tachometerantrieb schaffen oder aber die Kardanwelle verkürzen will, weil jeder Zentimeter weniger Wellenlänge die Vibrationen und die ungefederten Hinterachsmassen reduzieren hilft.

So drängt sich für die Unterbringung des Schnellgangs der Raum zwischen hinterem Getriebelager und vorderem Kardangelenk nachgerade auf; denn auf diese Weise ist das Overdrive-Gehäuse unmittelbar gegen den ohnehin vorhandenen »Getriebehals« auswechselbar. Das Montageband in der Produktion kann ungestört nebeneinander das eine und das andere Gehäuse verbauen, und selbst die Nachrüstung schon laufender Autos in der Werkstatt bedeutet — wenn nicht gleichzeitig die Achsübersetzung geändert werden soll — keinen unzumutbaren Aufwand.

Das in Abbildung 13.1 dargestellte Nachschaltgetriebe hat einen sehr ähnlichen Kupplungs- und Radsatzaufbau wie dasjenige aus Abschnitt 12.

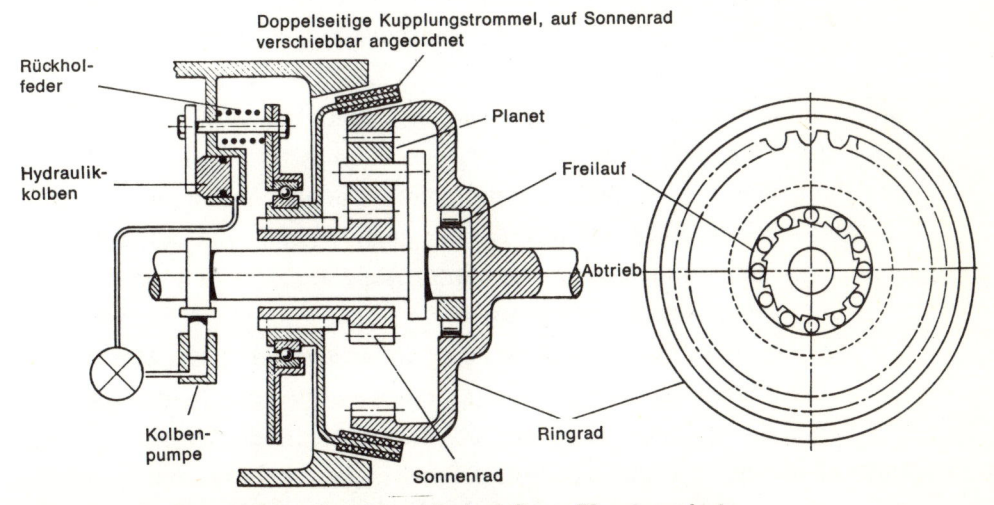

Abb. 13.1 Nachgeschalteter Overdrive mit einstufigem Planetenradsatz

Freilich müssen hier die Zahnräder robuster sein, um auch die erhöhten Drehmomente zu verkraften, die eingeleitet werden, wenn der Overdrive außer mit dem obersten auch noch mit einem oder zwei der niedrigeren Getriebegänge zusammenwirken soll. Üblicherweise wird das Zuschalten des Schnellgangs zu den unteren Gängen durch eine spezielle Steuerung insoweit unterbunden, als sich daraus eine Überbeanspruchung der Bauteile ergeben würde.

Der auffälligste Unterschied zwischen den beiden erwähnten Ausführungen ist wohl der Klemmrollenfreilauf, der die Ein- und Ausgangswelle unmittelbar miteinander verbinden kann. Die Drehung der Eingangswelle bei Vorwärtsfahrt drängt die einzelnen Rollen zwischen die schräge Rampe des Innenteils und die zylindrische Fläche des Außenteils, wodurch augenblicklich beide Wellen fest gekoppelt werden. Um die Funktion des Freilaufs ganz zu verstehen, muß man sich ein wenig mit den Vorgängen beim Ein- und Ausschalten des Overdrives befassen.

Um den Schnellgang zu schalten, wird die Kegelkupplung mit Hilfe des hydraulischen Betätigungszylinders nach links an den gehäuseseitigen Gegenkegel angedrückt. Die Kegeltrommel und damit das Sonnenrad, auf dem sie verkeilt ist, wird damit festgebremst. Der Planetensatz überträgt nun — mit der Sonne als Reaktionsglied — vom Planetenträger auf das Ringrad ins Schnelle. Während die Kupplung am Anfang ihres Schließvorgangs noch stark rutscht, wird die Antriebskraft voll über den Freilauf in die Ausgangswelle geleitet; mit zunehmendem Griff der Kupplung und Wirksamwerden der Planetenübersetzung steigt aber die Ringraddrehzahl über diejenige der Eingangswelle an, die Rollen im Freilauf befreien sich von den Rampen und der Antrieb wird nun mit kraftschlüssiger Kupplung ganz vom Planetensatz übernommen. Genau genommen muß das Zwischenschalten einer »längeren« oder auch »steiferen« Übersetzung — eines Drehzahlsprungs also mit erhöhter Ausgangsdrehzahl oder niedrigerer Eingangsdrehzahl — einen Energieausgleich innerhalb des rotierenden Systems finden; tatsächlich läßt sich außer dem Abfall der Motordrehzahl auch ein Impuls zur Beschleunigung des Fahrtempos feststellen.

Will man in den direkten Gang zurück, wird der hydraulische Betätigungsdruck abgesenkt, bis die Federkräfte überwiegen und die Kupplungstrommel nach rechts bewegen. Der Kraftschluß zwischen den bislang angedrückten Kegeln nimmt ab, und der Schnellgang kommt außer Funktion, sobald das Sonnenrad wieder umlaufen kann. Diese Kraftflußunterbrechung erlaubt dem Motor, seine Drehzahl zu steigern, bis sie der Ausgangsdrehzahl des Ringrades entspricht und der Freilauf wieder das Moment übernimmt. Um einen ruckfreien Eingriff des Freilaufs zu gewährleisten und damit seiner Überlastung vorzubeugen, wird mit Hilfe einer Drucksteuerung in der Hydraulik das Trennen der Kupplung verzögert. Ideal wäre es, wenn sich die Kegel erst in dem Augenblick voneinander lösen würden, da Motor- und Kardanwellendrehzahl die Kraftübernahme durch den Freilauf erlauben. Das aber läßt sich nicht exakt erreichen.

Nachdem der Freilauf im Eingriff ist, wird die Kegeltrommel durch die Rückstellfedern weiter nach rechts bis zum völligen Anliegen am Ringrad bewegt. Damit wird der Planetensatz gezwungen, als ein massiver Block umzulaufen. Hierdurch erst werden das Bremsen mit dem Motor, die Funktion des Rückwärtsganges und die Möglichkeit, das Auto anzuschleppen, sichergestellt; denn in allen drei Fällen würde ohne diese positive Sperrung des Planetengetriebes der Freilauf überrollt und der Durchtrieb unterbrochen werden.

Für die Bedienung des Overdrives werden ein Schaltmagnet und ein kleiner Handschalter verwendet. Der Elektromagnet wirkt auf ein hydraulisches Ventil und steuert das Drucköl, das von einer kleinen separaten Ölpumpe auf der Eingangswelle gefördert wird, zum ringförmigen Betätigungszylinder der Kegelkupplung. In der billigsten Version dient ein einfacher elektrischer Handschalter dazu, den Strom zum Elektromagnetschalter zu lenken, während bei teuren Ausführungen eine Fliehkraftregelung hinzukommt, die das Zurückschalten zum direkten Durchtrieb nur gestattet, wenn der Motor dabei nicht überdreht wird. Ferner baut man Sicherungen in die elektrische Steuerung ein, die ein Zuschalten des Schnellgangs bei Fahrt in den unteren Gängen und im Rückwärtsgang verhindern. Die Zahnräder in diesem besonderen Fall entsprechen übrigens den Zahlen, die wir bei den Berechnungen zuvor verwendet haben. Im Schnellgang haben wir hier demnach eine Übersetzung von 0,756 ins Schnelle. Dieser Overdrive wurde für 1,5- bis 2-Liter-Wagen gebaut, während derjenige im nächsten Kapitel für größere Drehmomente ausgelegt ist.

14. Laycock-Overdrive mit zweistufigem Planetensatz

Mehrstufige Planetengetriebe setzt man dort ein, wo hohe Drehmomente übertragen werden sollen, ohne daß die Gesamtabmessungen des Overdrives gar zu groß werden. Durch die Verwendung eines zweistufigen Satzes, wie er aus Abb. 14.1 hervorgeht, lassen sich die Außenabmessungen weit kleiner halten, als wenn die erforderliche dicke Eingangswelle und

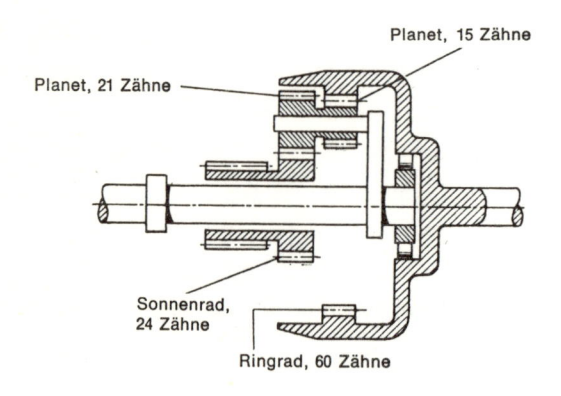

Abb. 14.1 Zweistufiger Planetenradsatz im gleichen Overdrive-Nachschaltgetriebe wie Abb. 13.1

das große Sonnenrad in nur einer Übersetzungsstufe hätten untergebracht werden müssen. Einer Vergrößerung der Außenmaße stehen in der Regel die beengten Platzverhältnisse im Wege; der notwendige größere Kardantunnel in Wagenmitte, durch den die Bewegungsfreiheit der Insassen eingeschränkt wird. (Interessanterweise konnte der Nachfolgetyp dieses Gerätes — offenbar durch Anwendung besserer Werkstoffe — wieder einstufig angeboten werden.)

Nachstehend erläutern wir die Berechnung der Übersetzung in einem zweistufigen Radsatz. Um die platzsparende Bauweise zu illustrieren, bringen wir den Vergleich mit einem einstufigen Planetentrieb bei gleichem Sonnenrad und gleicher Gesamtübersetzung. Daraus ergeht, daß ein um etwa 40 % größerer Außendurchmesser für den einstufigen Radsatz erforderlich wäre.

	Sonne	Planet	Ringrad	Plan.-träger
Zähnezahl	24	21 u. 15	60	0
Planetenträger festhalten; eine positive Drehung am Sonnenrad; Bewegung der Räder berechnen:	$+1$	$-\dfrac{24}{21}$	$-\dfrac{24}{21} \times \dfrac{15}{60}$ $= -\dfrac{2}{7}$	0
Das Ganze verblocken und um eine Umdrehung negativ verdrehen:	-1	-1	-1	-1
Arithmetisch addieren:	0		$-1^2/_7$	-1

EINSTUFIGER PLANETENSATZ MIT GLEICHER ÜBERSETZUNG

Die Zähnezahlen in der folgenden Rechnung wurden so gewählt, daß sich dieselbe Übersetzung wie bei den zwei obigen Stufen ergibt:
Der Außendurchmesser erhöht sich im Verhältnis der Zähnezahlen 84:60, also um ca. 40%.

	Sonne	Planet	Ringrad	Plan.-träger
Zähnezahl	24	30	84	0
Planetenträger festhalten; eine positive Drehung am Sonnenrad; Bewegung der übrigen Räder berechnen:	$+1$	$-\dfrac{24}{30}$	$-\dfrac{24}{30} \times \dfrac{30}{84}$ $= -\dfrac{2}{7}$	0
Das Ganze verblocken und um eine volle Umdrehung in negativer Richtung verdrehen:	-1	-1	-1	-1
Arithmetisch addieren:	0		$-1^2/_7$	-1

15. Borg-Warner-Overdrive

Obwohl nicht mehr in Produktion, ist der Borg-Warner-Overdrive (Abb. 15.1) doch wegen seines Bedienungssystems interessant.

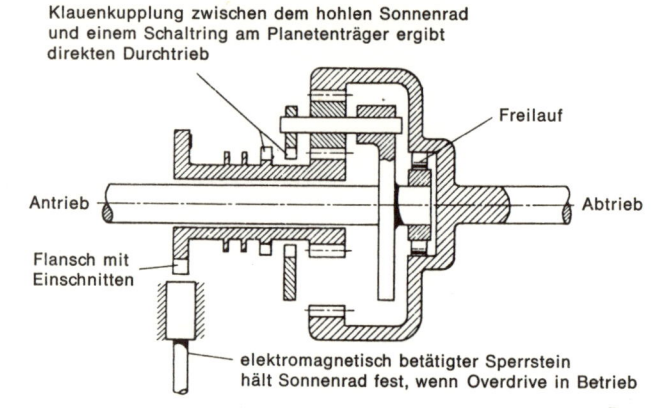

Abb. 15.1 Borg-Warner-Overdrive

Klauenkupplung zwischen dem hohlen Sonnenrad und einem Schaltring am Planetenträger ergibt direkten Durchtrieb

Freilauf

Antrieb

Abtrieb

Flansch mit Einschnitten

elektromagnetisch betätigter Sperrstein hält Sonnenrad fest, wenn Overdrive in Betrieb

Wie in den vorangegangenen Beispielen, wird auch hier Ein- und Ausgang über einen Freilauf verbunden, solange man mit direktem Durchtrieb fährt, doch bei Borg-Warner bleibt der Freilauf dann auch das einzige Verbindungselement, so daß beim Gaswegnehmen der Wagen tatsächlich im Freilauf und ohne Motorbremse dahinrollt, da der Ausgang nun schneller dreht als der Eingang. Um dennoch Motorbremswirkung zu bekommen und um rückwärts fahren und anschleppen zu können, muß man das seitlich verschiebbare Sonnenrad gegen einen innenverzahnten Ring verblocken, welcher einen Teil des Planetenträgers bildet. Ein- und Ausgang arbeiten dann in beiden Richtungen als starrer Durchtrieb.

Den Overdrive schaltet man durch ein Gesperre, welches das Sonnenrad mit dem Gehäuse verbindet. Das Sonnen-Schieberad hat nämlich an seinem Ende einen Flansch mit Einschnitten, in die ein Sperrstein vom Gehäuse her eingeführt werden kann. Bei der Fahrt im direkten Gang des Overdrives laufen Sonnenrad, Planeten und Ringrad zusammen mit Eingangsdrehzahl um, bewegen sich also nicht relativ zu einander. Nimmt man jetzt das Gas weg, so kann der Abtrieb die Eingangsseite über den Freilauf überholen, so daß sich die Teile des Planetentriebs gegeneinander zu bewegen beginnen. Planetenträger und Sonnenrad werden jetzt beide langsamer, und zwar verzögert sich die Sonnenraddrehzahl rascher als die des Planetenträgers. Tatsächlich kommt im Laufe dieses Verzögerungsvorgangs das Sonnenrad einmal zum Stillstand, und das ist genau der richtige Augenblick, um es gegen das Gehäuse zu sperren, bevor es (andernfalls) seine bisherige Drehrichtung umkehren würde. Ein Elektromagnet kann nun den Sperrstein mühelos in einen der Einschnitte des Sonnenradflansches einschieben.

Eine Sicherung verhindert das Einschieben des Sperrsteins in den Flansch vor dessen Stillstand. Nach dem Sperren des Sonnenrades bildet dieses das Reaktionsglied des Planetensatzes, und der Antrieb führt mit Übersetzung ins Schnelle zu den Rädern.

Zum direkten Gang kehrt diese Anlage dann zurück, wenn man das Gaspedal bis zum Anschlag durchtritt, wobei es zwei Schalter betätigt. Der eine unterbricht den Stromkreis zum Elektromagneten, so daß der Sperrstein nur noch aufgrund der Eigenreibung unter Last den Federkräften widersteht, die ihn herauszuziehen trachten. Der andere Schalter trennt den Zündstrom des Motors gerade lange genug ab, um den Federkräften das Herausziehen des Sperrsteines während der kurzzeitigen Unterbrechung des Antriebsmoments zu gestatten. Nach Wiedereinschalten der Zündung steigt dann die Motordrehzahl an, bis der Freilauf von der Eingangsseite her den direkten Antrieb übernimmt. Man sieht, daß das Ein- und Ausschalten des Overdrives jeweils die Zugkraft an den Rädern für kurze Zeit unterbricht.

Die Übersetzung errechnet sich für den Borg-Warner-Overdrive wie folgt: Wenn der Planetenträger einmal umläuft, vollführt das Ringrad 10/7 Umdrehungen, oder anders herum: der Motor läuft mit 7/10 der Kardanwellendrehzahl um.

	Sonne	Planet	Ringrad	Plan.-träger
Zähnezahl	18	12	42	0
Planetenträger festhalten; eine positive Drehung am Sonnenrad; Bewegungen der übrigen Räder berechnen:	+1	$-\frac{18}{12}$	$-\frac{18}{12} \times \frac{12}{42}$ $= -\frac{3}{7}$	0
Das Ganze verblocken und um eine volle Drehung zurückdrehen:	−1		−1	−1
Arithmetisch addieren:	0		$\frac{10}{7}$	−1

16. Der hydraulische Drehmomentwandler

Im Abschnitt 6 erwähnten wir bereits, daß die Flüssigkeitskupplung einen weichen und völlig selbsttätigen Eingriff gestattet. Wie die Reibungskupplung, so ist sie jedoch nicht imstande, an der Abtriebsseite ein höheres als das eingeleitete Drehmoment abzugeben, und auch in ihr wird ein erheblicher Anteil der Energie während der Schlupfphase in Wärme verwandelt. Äußerlich sieht der hydraulische Drehmomentwandler der Flüssigkeitskupplung sehr ähnlich, und in mancherlei Hinsicht funktioniert er auch wie diese. Der grundlegende Unterschied besteht darin, daß der »Wandler« von seinem inneren Aufbau her imstande ist, Abtriebsmomente in zwei-, drei- oder vierfacher Höhe des Eingangsmoments verfügbar zu machen — je nach dem Aufwand, den man treiben will. Der Wandler arbeitet wie eine Kupplung, wenn das Fahrzeug aus dem Stillstand bewegt werden soll, und gibt sein größtes Moment ab, wenn die Turbine festgebremst ist oder doch sehr langsam umläuft, also gerade im Zeitpunkt des höchsten Kraftbedarfs. Mit zunehmender Turbinendrehzahl sinkt automatisch die Vervielfachung des Abtriebsmoments, bis im Beharrungszustand sowohl die Momente als auch die Drehzahlen am Ein- und Ausgang fast gleich groß sind. (Wie bei der Kupplung, so ist auch beim Wandler ein gewisser Schlupf unvermeidbar; in bestimmten Fällen, wo er für den Dauerbetrieb nicht hingenommen werden kann, muß am Ende der Wandlungsphase eine mechanische Kupplung die völlige Überbrückung des Wandlers übernehmen.)
Wesentliches Merkmal des Wandlers (»Trilok«-Wandler) im Vergleich mit der Kupplung ist das Vorhandensein eines oder mehrerer Reaktionsglieder, sowie die Krümmung seiner Schaufeln (die Kupplung hat ebene Schaufeln). Das Reaktionsglied besteht aus einem stationären Schaufelkranz, der zwischen dem Turbinenausgang und dem Pumpeneingang angeordnet ist, wie es die Abbildung 16.1 illustriert. Wegen der Richtungsänderungen, die diese Schaufeln dem Ölstrom verleihen können, sind auch die Schaufeln des Turbinenrades gekrümmt, um dem Öl die größtmögliche Geschwindigkeitsänderung beim Durchströmen der Turbine mitzuteilen. Zum besseren Verständnis der auftretenden großen Geschwin-

digkeitsänderung verweisen wir auf Abb. 16.2. Darin zeigt die Skizze (a) einen aus einer Düse auf eine ebene, senkrecht stehende Platte auftreffenden Strahl, der — nehmen wir einmal an — ohne zu spritzen oder reflektiert zu werden, an der Platte senkrecht herunterfließt. Beim Aufprall auf die Platte wird die Strömungsgeschwindigkeit auf Null vermindert, und eine Kraft wirkt auf die Platte, die proportional ist dem strömenden Volumen und der Geschwindigkeitsänderung. Ersetzt man die ebene Platte durch eine gekrümmte nach (b), so wird die Geschwindigkeit der Flüssigkeit in ihrer Wirkungsrichtung voll umgekehrt, so daß die Geschwindigkeitsänderung und die Reaktionskraft gerade doppelt so groß werden wie im Fall der ebenen Platte.

Die Wirkungsweise der Flüssigkeitskupplung entspricht ungefähr dem Beispiel mit der ebenen Platte: Die Pumpe verleiht dem Öl beträchtliche

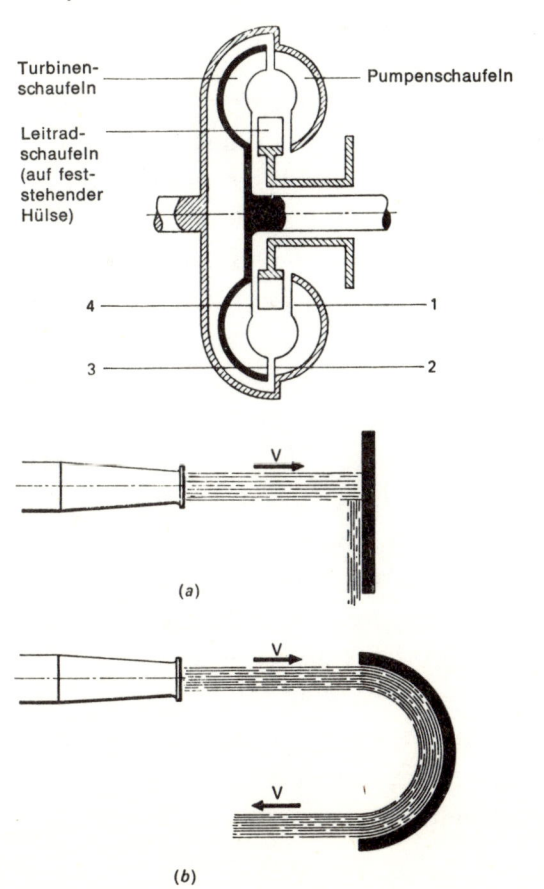

Abb. 16.1 Hydraulischer Drehmomentwandler

Abb. 16.2 Geschwindigkeitsänderungen
(a) wenn die Flüssigkeit auf ebene Platte trifft
(b) wenn sie auf eine gewölbte Platte trifft

Strömungsgeschwindigkeit, die in bezug auf den Turbinenausgang auf Null abfällt, weil sie innerhalb der Turbine vollständig aufgezehrt wird. Wenn aber die gesamte von der Pumpe auf die Flüssigkeit übertragene Energie in der Turbine aufgebraucht wird, so muß – verlustfreie Funktion einmal angenommen – das der Turbine erteilte Drehmoment genauso groß sein wie das von der Pumpe dem Öl mitgegebene.

Zwischen den gekrümmten Turbinenschaufeln des Wandlers hingegen wird zwar die von der Pumpe auf die Flüssigkeit übertragene Strömungsgeschwindigkeit zunächst ebenfalls auf Null abgebaut, dann aber in die entgegengesetzte Richtung umgelenkt und das Öl wieder beschleunigt. Auf diese Weise wird die Geschwindigkeitsumwandlung hier größer als in der vergleichbaren Kupplung. Das an der Turbine angreifende Drehmoment ist größer als das auf die Pumpe wirkende Motordrehmoment, eine Tatsache, die natürlich nur mit gleichzeitig langsamer drehendem Wandlerausgang erkauft werden kann. Denn da das Reaktionsglied – das üblicherweise »Leitrad« genannt wird – die verfügbare Energie nicht erhöhen kann, muß das Produkt von Drehmoment und Drehzahl für Pumpenrad und Turbine in jedem Zustand gleich groß bleiben. Höheres Drehmoment am Abtrieb ist deshalb gleichbedeutend mit niedrigerer Drehzahl.

Der umgelenkte Ölstrom verläßt das Turbinenrad also mit erheblichem Strömungspotential in der dem Umlauf von Pumpe und Turbine entgegengesetzten Richtung. So aber kann man das Öl nicht wieder in die Schaufelgänge des Pumpenrades einlaufen lassen, denn das würde einen gewaltigen Verzögerungsstoß an der Pumpe erzeugen. Deshalb wird das Öl zuvor von den gewölbten Schaufeln des Leitrades gesammelt und so weit umgelenkt, daß es am Pumpeneingang mit genügend gleichgerichteter Strömungsgeschwindigkeit ankommt. Beim Passieren des Leitrades teilt das Öl diesem ein erhebliches Moment mit, das in dieser Arbeitsphase am Gehäuse entsprechend abgestützt werden muß. Unter stetigen Betriebsbedingungen befindet sich das Öl im ganzen Wandler in einer gleichförmigen Strömung, und da Aktion und Reaktion stets gleich groß und einander entgegengesetzt sind, ist die Summe der Momente, die das Öl von Pumpe und Leitrad in Drehrichtung erhält, gleich dem in entgegengesetzter Richtung am Turbinenrad wirkenden Drehmoment.

WANDLER-BAUARTEN

Wir unterscheiden drei Arten von Strömungsmaschinen der behandelten Art: zum ersten natürlich die Flüssigkeitskupplung, bei welcher, wie besprochen, das Ausgangsmoment über den gesamten Betriebsbereich nie größer wird als das Eingangsmoment, und deren Wirkungsgrad mit abnehmendem Schlupf von Null bis zu einem Maximum ansteigt; zum zweiten der Trilok-Wandler, der seiner Bestimmung gemäß eine Drehmomenterhöhung am Ausgang erzielt, mit seinem Höchstwirkungsgrad bei einer Ausgangsdrehzahl, die sehr viel niedriger sein kann als diejenige am Eingang; und schließlich der Trilok-Wandler mit Kupplungseffekt, bei dem das Momentenverhältnis von einem Maximalwert, z. B. 3 oder 4 zu 1 bei festgebremster Turbine, auf etwa 1 im »Kupplungsbetrieb« absinkt.

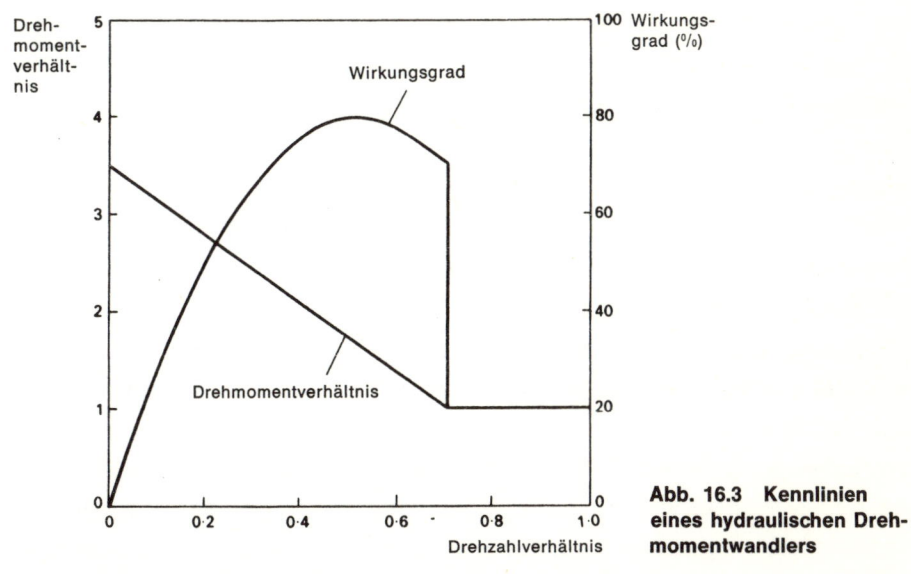

Abb. 16.3 Kennlinien eines hydraulischen Drehmomentwandlers

Abbildung 16.3 zeigt ein typisches Wandlerdiagramm. Wenn die Turbine festgebremst ist (Drehzahlverhältnis Null) ist der Wirkungsgrad Null, doch das Motordrehmoment wird im vorliegenden Fall auf das $3\frac{1}{2}$fache erhöht. Sobald die Turbine sich dreht, wird an der Abtriebswelle nutzbare Arbeit geleistet, und der Wirkungsgrad steigt bis zu seinem Höchstwert von 80%, den er erreicht, wenn die Ausgangswelle gerade halb so schnell umläuft wie der Motor. Dieser Punkt, den man als den Auslegungspunkt des Wandlers bezeichnet, stellt dasjenige Drehzahlverhältnis dar, bei dem er den Hauptanteil seines Wandlerbetriebs verrichten wird. Oberhalb dieses Auslegungspunktes sinkt der Wirkungsgrad wieder ab, weil nun die Strömung bereits über den Zustand hinweg ist, in dem sie im günstigsten Winkel auf die Schaufeln auftrifft. Nähert sich die Ausgangsdrehzahl weiter derjenigen des Motors, so kann der Wandler von sich aus als Kupplung arbeiten, oder aber man überbrückt durch mechanische Mittel Ein- und Ausgang und vermeidet so die Verluste, die dem niedrigen Wirkungsgradbereich entsprechen.

Man kann diesen Strömungsmaschinen unterschiedliche Konstruktionsmerkmale verleihen durch die Wahl der jeweils geeignetsten Schaufelwinkel, durch die Verwendung von Leiträdern und durch den Einsatz mehrerer Turbinenstufen. Um zu erkennen, auf welche Weise die Grundfunktion der im Kapitel 6 beschriebenen Kupplung verbessert werden kann, muß man einmal die Strömungsbedingungen über den gesamten Fahrbereich vom Festbremspunkt bis zum ungefähren Gleichlauf von Turbine und Pumpe genauer untersuchen.

Die Flüssigkeitsströmung durch Pumpen-, Turbinen- und Leitrad ist wegen des komplizierten Ablaufs der Geschwindigkeitsänderungen, die auf das Öl ausgeübt werden, nicht ganz einfach darstellbar. Während des Durchflusses durch die Pumpenbeschaufelung von Punkt 1 nach Punkt 2 in der Abbildung 16.1 ist die Bewegung der Flüssigkeit in erster Linie radial von innen nach außen, wird aber gleichzeitig überlagert von einer Umlaufbewegung in einer Ebene senkrecht zur Wandlerachse. Kurz vor dem Verlassen der Pumpenschaufeln bei 2 ändert sich die radiale in eine achsparallele Bewegung. Innerhalb der Turbine, also auf dem Wege von 3 nach 4, spielen sich die Richtungsänderungen mehr oder weniger entgegengesetzt dazu ab, so daß man am Austritt aus der Turbine bei 4 eine Strömung vorfindet, die sich aus einer axialen und einer tangentialen Bewegung zusammensetzt, wobei die Richtung der letzteren von der Schaufelform abhängt. Für die Erzielung eines hohen Turbinen-Drehmoments ist es erforderlich, eine beträchtliche Richtungsänderung für die Bewegung in Umfangsrichtung vorzusehen, und das kann, wie gesagt, so weit gehen, daß die Strömung der Drehrichtung des Wandlers faktisch entgegenläuft. Und weil es nur Ärger und keinen Vorteil bringt, wenn diese »verkehrte« Strömung auf die Schaufeln des Pumpenrades trifft, schaltet man die gekrümmten Schaufeln des Leitrades dazwischen. Sie empfangen den »verkehrt« rotierenden Ölstrom mit dem passenden Umlenkwinkel, der die Richtung so weit umkehrt, wie es für ein günstiges, turbulenzfreies Auftreffen der Strömung auf die Pumpenschaufeln nötig ist.

Ein- und Austrittswinkel der Schaufeln sowie die dazwischenliegende Krümmung können notgedrungen nur einen Kompromiß darstellen, der unter den vielen variierenden Betriebsbedingungen zu vermitteln sucht, die vom Festbrems- bis zum Kupplungspunkt auftreten. Dieser Fächer von Strömungszuständen ist so kompliziert, daß wir uns im folgenden eine Vereinfachung erlauben wollen.

Stellen wir uns eine Anlage vor, durch welche das Öl nur in achsparalleler Richtung (d. i. im Auto von vorn nach hinten) fließt. So eine angenommene Maschine illustriert die Abbildung 16.4, in der das Öl aus einem Kranz von Pumpenschaufeln axial in eine Turbinenbeschaufelung und von dort in die eines Leitrades strömt, um den ursprünglichen Strömungszustand wiederherzustellen, mit dem der Kreislauf von neuem beginnen könnte.

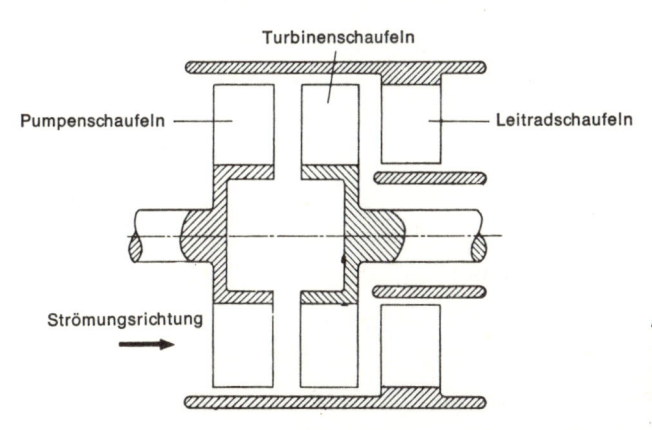

Abb. 16.4 Schematisierter Aufbau von Pumpe, Turbine und Leitrad bei rein axialer Durchströmung

Vernachlässigen wir alle anderen Betriebszustände und befassen wir uns einmal nur mit den Bedingungen, die in der Nähe des maximalen Wirkungsgrades herrschen. Die Zeichnungen in Abb. 16.5 sollen die Strömungsrichtungen deutlich machen, die dabei angenommen werden. Es sei vermerkt, daß die Anströmwinkel der Flüssigkeit in allen anderen Betriebspunkten von den hier gezeichneten mehr oder weniger stark abweichen und das Öl so ungünstig auf die Schaufeln auftreffen kann, daß sich Turbulenzen und Verluste ergeben.

ABSOLUTE UND RELATIVE STRÖMUNGSGESCHWINDIGKEITEN

Wenn man sich überlegt, was passiert, wenn Öl in einen Kranz umlaufender Schaufeln eintritt bzw. ihn verläßt, so muß man zunächst die absolute Strömungsgeschwindigkeit der Schaufel hinzuaddieren, um die Relativgeschwindigkeit zwischen Öl und Schaufel zu erhalten. Während man die Schaufelformen so auslegen muß, daß sie sich der Relativgeschwindigkeit der Strömung optimal anpassen, sind es die absoluten Geschwindigkeiten, genauer: ihre Umfangskomponenten, die für das jeweils erzielbare Abtriebsdrehmoment verantwortlich zeichnen.

Die Strecke AB in Abb. 16.5 stellt nach Größe und Richtung die absolute Anströmgeschwindigkeit der Flüssigkeit beim Auftreffen auf das rotierende Pumpenrad dar. Da sich seine Schaufeln mit Umfangsgeschwindigkeit u_1 bewegen (Pfeil), eilt ein beliebiges Flüssigkeitsteilchen relativ zur Schaufel in der gestrichelten Richtung und mit der Relativgeschwindigkeit AC der Schaufelkante entgegen. Die Eintrittskanten der Schaufel sind so geformt, daß die Flüssigkeit weich und stoßfrei an ihnen entlangströmen kann. Das gilt wohlgemerkt nur bei einer ganz bestimmten Pumpendrehzahl — derjenigen, bei der der Wirkungsgrad seinen Höchstwert erreichen soll —, während es in allen anderen Zuständen durchaus aufgrund der weniger genau harmonierenden Richtungen von Öl und Schaufeleintritt Störungen geben kann.

Während seines Durchgangs durch die Beschaufelung des Pumpenrades erhält das betrachtete Flüssigkeitsteilchen einen Zuwachs an kinetischer Energie durch die umlaufende Schaufel; dementsprechend verläßt es das Pumpenrad mit der Absolutgeschwindigkeit EF (siehe Bild). Darin ist nun die Umfangskomponente GF wesentlich größer geworden als vor der Pumpe (DB). Es ist dieser Geschwindigkeitszuwachs, der allein den Maßstab für das kinetische Energiepotential darstellt, das in der anschließenden Turbine umgesetzt werden kann.

Den weiteren Verlauf erläutern die durchgezogenen und gestrichelten Pfeile in unseren Geschwindigkeitsdiagrammen. Während das Flüssigkeitsteilchen sich zwischen den Schaufeln des Turbinenrades hindurch bewegt, erfährt es eine Änderung seiner absoluten Geschwindigkeit von EF am Eingang in KL am Austritt, wo die Umfangskomponente nur mehr der Strecke ML entspricht. Um diese Richtungsänderung zu bewirken, müssen

Abb. 16.5 Schaufelgeschwindigkeits-Diagramm

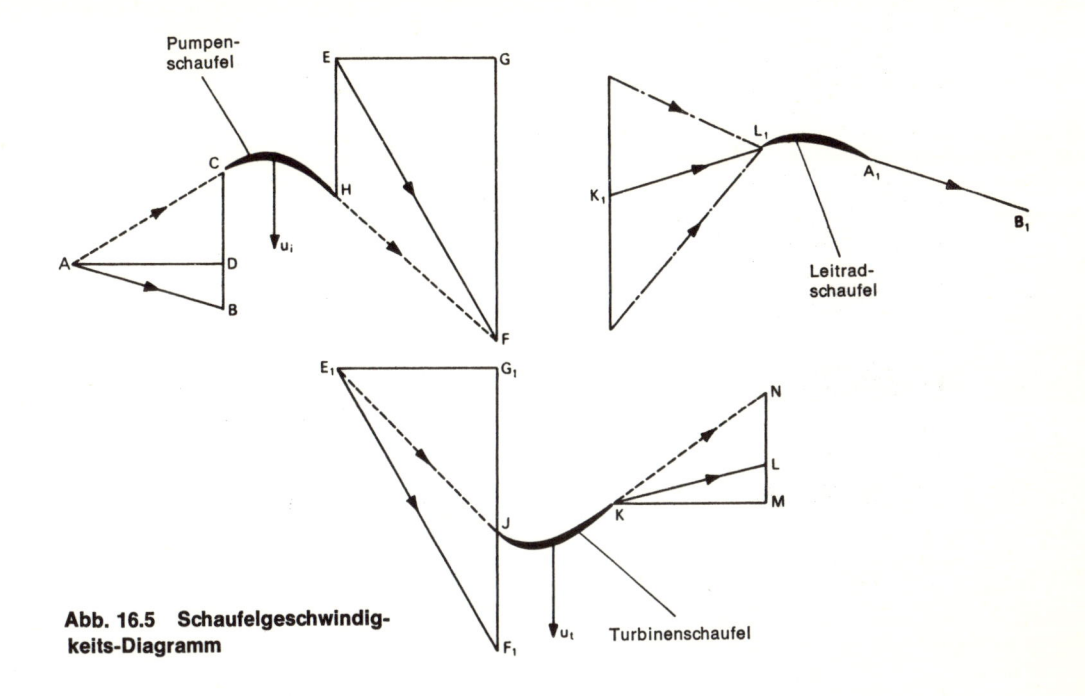

die Schaufeln eine erhebliche Kraft auf die Flüssigkeit ausgeübt haben, und deren Reaktionskraft ergibt das Drehmoment in der Turbinenwelle. Im Sonderfall des Anfahrens aus dem Stillstand mit feststehender Turbine wird an diese keine mechanische Arbeit abgegeben, so daß die ganze umsetzbare kinetische Energie der Flüssigkeit in turbulente Strömung und Wärme verwandelt werden muß. Sobald die Turbine sich zu drehen beginnt, wird auch nutzbare Arbeit an deren Welle geleistet, und der Nutzen, also der Wirkungsgrad, steigt allmählich an, bis zu dem beschriebenen Zustand, in welchem die Winkel so gut übereinstimmen, daß kaum noch oder gar keine Störung des Ölstromes mehr auftritt. Kräfte auf das Turbinenrad lassen sich nur durch Änderung der Umfangskomponente der Ölgeschwindigkeit ausüben, so daß offensichtlich das Öl die Turbinenschaufeln mit entsprechend verringerter und — wie im Bild — sogar in ihrer Richtung umgekehrter Umfangsgeschwindigkeit verläßt (ML). Man erkennt auch die Aufgabe der gekrümmten Leitradschaufeln, die es durch Umlenkung der Strömungsrichtung verhindern, daß unser Flüssigkeitsteilchen beim neuerlichen Eintritt in die Pumpenbeschaufelung das Pumpenrad wegen falscher Anströmrichtung verzögert, sich stößt oder nutzlos herumwirbelt.

LEITRAD MIT FREILAUF

Wie wir gesehen haben, können die Schaufeleintrittswinkel nur einen Kompromiß darstellen, weil das Öl in zu vielen unterschiedlichen Richtungen auf die Kante zu fließt. Im einen Extremfall, bei schnell drehendem Turbinenrad, trifft die Flüssigkeit sogar auf der Rückseite der Leitradschaufel auf. Für diesen Fall, also den oberen Fahrbereich, setzt man das Leitrad auf einen Freilauf, der ihm erlaubt, in gleicher Richtung zu rotieren wie die Turbine, wenn die Leitradschaufeln von der Strömung im Rücken getroffen werden. Auf diese Weise vermeidet man unliebsame Turbulenzen bei hohen Drehzahlen, sorgt aber für einen feststehenden Schaufelkranz, wenn dieser im langsameren Geschwindigkeitsbereich für die Umlenkung der Strömung erforderlich ist. Der Bereich, in welchem demzufolge keine oder nur geringfügige Störungen des Strömungsverlaufs auftreten, wird durch diese Maßnahmen sehr viel größer als beispielsweise bei der Strömungskupplung, bei der kein Versuch gemacht wird, die Flüssigkeit in Richtung des Pumpenumlaufes umzulenken.
Der störungsfreie Arbeitsbereich kann nun noch wesentlich weiter ausgedehnt werden, indem man das Turbinenrad in eine Anzahl Räder unterteilt, denen jeweils ein eigenes Leitrad zugeordnet ist. Die Geschwindigkeitsänderungen der Strömung vollziehen sich hier in entsprechend vielen Einzelstufen statt bisher in einem großen Schritt. Die weniger plötzlichen Änderungen vermindern die Gefahr von Turbulenzbildungen und erlauben den Leiträdern, jeweils mit ihrer Freilaufbewegung dann zu beginnen, wenn es der Effekt der zunehmenden Drehzahl durch die einzelnen Turbinenstufen hindurch verlangt.

VERSTELLBARE LEITRADSCHAUFELN

Die bislang beschriebenen Leitradschaufeln waren starr, einteilig und hatten von Haus aus nur einen begrenzten Arbeitsbereich, in welchem die ankommende Strömung nicht zur Turbulenz führte. Eine Alternative zum

Freilauf als Mittel gegen das unerwünschte Auftreffen der Strömung auf den Schaufelrücken liefert ein Wandler mit geteilten, verstellbaren Leitschaufeln, wie etwa derjenige von Vickers-Coats. Die einzelne Schaufel besteht hier aus einer Anzahl drehbar angelenkter Klappen, die bei niedrigen Turbinendrehzahlen eng aneinanderliegen und damit wie eine starre Wandung wirken. Mit steigender Turbinendrehzahl und sich änderndem Anströmwinkel am Leitrad geben die schwenkbaren Klappen eine nach der anderen den Weg für das Öl in der Weise frei, daß die Strömung, die auf den Schaufelrücken auftreffen müßte, unbehindert zwischen den ersten Klappen hindurchfließt und — wie in Abbildung 16.6 schematisch dargestellt — schließlich doch noch an der Innenkrümmung der Schaufel auftrifft. Unsere Zeichnung illustriert eine Leitradschaufel mit nur drei angelenkten Klappen, während man mit einer größeren Anzahl Klappen die Wirkung weiter verfeinern könnte. Tatsächlich ist es ein Kennzeichen der meisten Strömungsmaschinen, daß sich ihr Wirkungsgrad und ihr Betriebsbereich durch derartigen zusätzlichen Aufwand wie Leitrad, mehr-

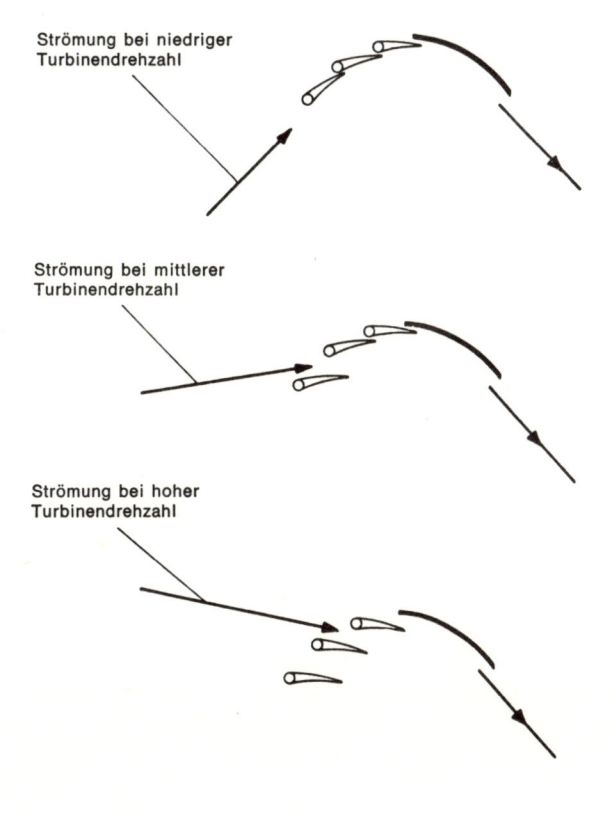

Abb. 16.6 Verstellbare Leitradbeschaufelung

stufige Turbinen, Freiläufe und angelenkte Leitschaufeln wesentlich vergrößern lassen. Und das ist ja auch eine in anderen Zweigen der Technik übliche Erscheinung: Größere Effektivität einer Anlage erkauft man mit Mehrkosten und zusätzlicher Aufwendigkeit, wie es die Beispiele Dampfmaschine/Kondensator, Verbrennungsmotor/Abgasturbolader oder Gasturbine/Wärmetauscher deutlich machen.

MECHANISCHE ÜBERBRÜCKUNG

Der häufigste Zusatz, den man bei Drehmomentwandlern darüber hinaus antrifft, ist eine Vorrichtung, mit welcher er außer Funktion gesetzt wird, d. h. mit der man Ein- und Ausgangswelle miteinander verblockt. Das ist vorteilhaft, wenn die »Kupplungsdrehzahl« erreicht ist und man die normalerweise verbleibenden 3 bis 4 % Schlupf eliminieren will. Die Überbrückung von An- und Abtrieb kann automatisch durch eine Fliehkraftkupplung geschehen (Abb. 16.7). Ihre Backen sind am Turbinenrad angelenkt und kommen radial an der Innenseite des Pumpenradgehäuses zum Anliegen, wenn die Turbinendrehzahl groß genug wird. Diese Anordnung wird deshalb gewählt, weil die Kupplung in diesem Fall so lange geöffnet bleibt, bis der Wandler oder die Flüssigkeitskupplung (denn für beide kann die Überbrückung nützlich sein) die Turbinendrehzahl auf einen Wert nahe der Antriebsdrehzahl gebracht hat. Neben dem Ausschalten des Schlupfes durch direkte Überbrückung ermöglicht diese Fliehkraftkupplung ein Anschleppen des Fahrzeugs, sofern die Drehzahl der Kardanwelle zuvor groß genug ist, um die Backen auszuheben.

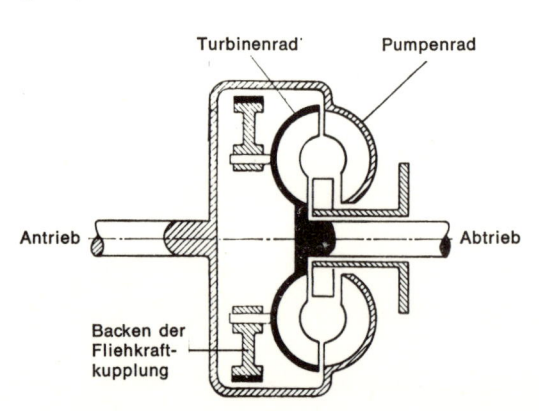

Abb. 16.7 Wandler mit Fliehkraft-Überbrückungskupplung

Zur Überbrückung kann in gleicher Weise eine hydraulisch betätigte Scheibenkupplung nach dem Muster der Abb. 16.8 eingesetzt werden.

Eine andere, etwas aufwendigere Ausführung sei erwähnt, bei welcher eine Scheibenkupplung entweder das Pumpenrad oder die Abtriebswelle mit dem motorseitigen Antrieb verbindet. Gegenüber den beiden vorgenannten Fällen läuft hier der Wandler bei Direktantrieb nicht mehr leer mit, sondern wird vollständig abgetrennt.

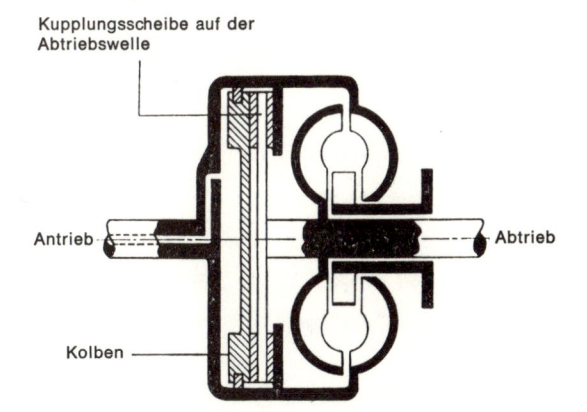

Abb. 16.8 Wandler mit Scheibenkupplung zur Überbrückung

Der im Diagramm 16.3 charakterisierte Wandler ergab eine Wandlung von 3,5:1 im Festbremspunkt und hatte seinen höchsten Wirkungsgrad, wenn die Abtriebsdrehzahl halb so groß war wie diejenige am Eingang. Im Idealfall sollte ein Wandler stets am Auslegungspunkt (= maximaler Wirkungsgrad) betrieben werden, doch die wechselnden Fahrbedingungen im Verkehr sind schuld an erheblichen Abweichungen, die z. B. vorliegen, wenn beim Fahren mit geringer Motorlast die Abtriebsdrehzahl hochgeht. In einem solchen Fall wäre die Überbrückung des Wandlers von Vorteil.

NOTWENDIGKEIT EINES MECHANISCHEN GETRIEBES

Wandler und Kupplungswandler sind dafür konstruiert, stets in der gleichen Richtung umzulaufen. Wenn also das Fahrzeug auch rückwärts fahren soll, braucht es ein mechanisches Getriebe. Aus zwei wichtigen Gründen ordnet man außer dem Rückwärtsgang auch noch eine Auswahl von Vorwärtsgängen im Getriebe an: Zum ersten reicht der Übersetzungsbereich des Wandlers allein kaum aus, um alle Fahrzustände zu überdecken; vor allem gilt das natürlich für schwere Fahrzeuge, die große Steigungen langsam zu überwinden haben und sich andererseits mit angemessener Geschwindigkeit in der Ebene bewegen sollen.

Der zweite Grund hängt mit dem Wirkungsgradverlauf des Wandlers zusammen. Eine starke Steigung senkt das Fahrtempo und damit die Turbinendrehzahl weit genug ab, um den Wandler erheblich unterhalb des besten Wirkungsgradpunktes arbeiten zu lassen, um so mehr, je weiter sich die Turbine dem Festbremspunkt nähert. Da man diese viel zu ungünstigen Arbeitsbedingungen nicht in Kauf nehmen will, schaltet man ein Untersetzungsgetriebe dazwischen, wodurch die Turbine eine Drehzahl weit oberhalb derjenigen der Kardanwelle annehmen und in einem günstigeren Wandlerbereich laufen kann. Ohne Zweifel hat man es nun schon — wenn zum Wandler noch ein ganzes Schaltgetriebe hinzukommt — mit einer recht aufwendigen Kraftübertragung zu tun. Doch dafür verfügt man über eine automatische Kupplung und in gewissen Grenzen — nämlich denen der Wandlerauslegung — über eine stufenlose Anpassung der Übersetzungen.

Bei allen mechanischen Getrieben, die mit irgendeiner Strömungsmaschine kombiniert werden, ist besonders zu beachten, daß der Kraftfluß zum Gangwechsel nicht willkürlich unterbrochen werden kann, wie es mit einer Reibungskupplung möglich ist. Deshalb verwendet man in vielen automatischen Getrieben Planetenradsätze, weil sie ständig im Eingriff bleiben und durch Bandbremsen oder Naßkupplungen innerhalb des Getriebes »fliegend« ein- und ausgeschaltet werden. Neuerdings macht aber auch eine andere Art der Kraftübertragung von sich reden, bei welcher eine Reibungskupplung so im Kraftfluß Motor—Wandler—Getriebe angeordnet wird, daß sie zum Gangwechsel im dahinterliegenden Stirnrad-Schaltgetriebe ausgerückt werden kann. Die härtere Arbeit des Anfahrens übernimmt hier auch weiterhin der Drehmomentwandler.

In den beiden folgenden Kapiteln werden wir eine Anzahl Planeten- und Stirnradgetriebe betrachten, die zusammen mit hydraulischen Kupplungen und Wandlern eingesetzt werden.

17. Planetengetriebe

Wir hatten im 11. Kapitel bereits eine Einführung in die Zusammenhänge gegeben, die für einfache Planetensätze maßgebend sind, um uns anschließend mit ihrer Verwendung als Overdrive zu befassen. Grundsätzlich finden wir die gleiche Mechanik auch im Fahrgetriebe wieder, nur daß es hier notwendig ist, mehr als bloß eine direkte und eine indirekte Stufe bereitzustellen. Und das kompliziert die Sache ein wenig. Hat man jedoch die Wirkungsweise des Standard-Planetensatzes, wie er nochmals in Abb. 17.1 dargestellt ist, einmal verstanden, so ist es nicht schwer, daraus die weiteren Getriebegänge abzuleiten, die in der Praxis gebraucht werden.

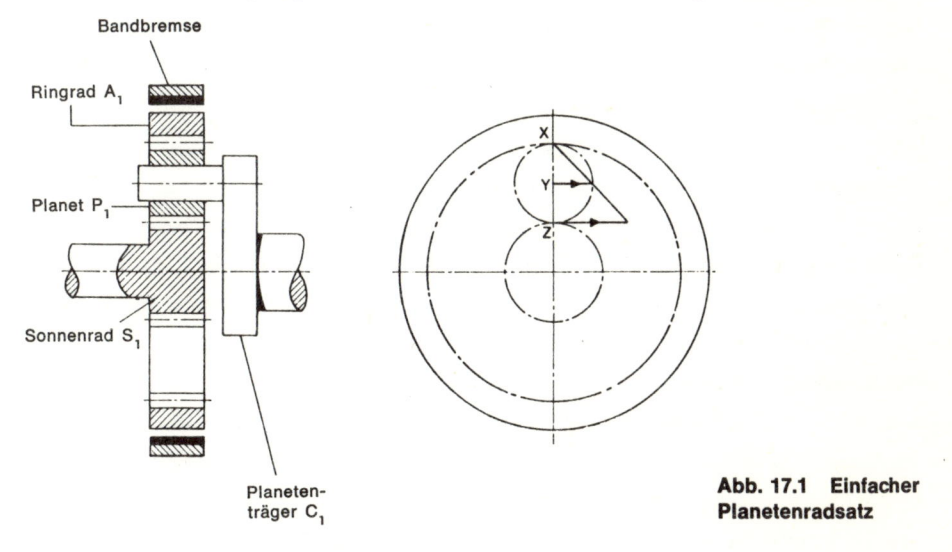

Abb. 17.1 Einfacher Planetenradsatz

ERSTER GANG

Er läßt sich in der Tat durch einen Standard-Radsatz nach Abb. 17.1 herstellen. Das Ringrad A_1 wird von einer Bandbremse festgehalten, stellt also das Reaktions- oder Abstützglied dar. Angetrieben wird das Sonnenrad S_1, das die Planetenräder P_1 zum Umlauf um ihre eigene Achse und an der Innenseite des Ringrades entlang zwingt, wobei sie den Planetenträger C_1 in gleicher Drehrichtung wie Sonne und Planeten mitnehmen. Seine

Drehzahl gegenüber der Sonne ist hingegen reduziert. Unsere weiter unten durchgeführte Rechnung wird dies nachweisen.

Für diejenigen, denen die arithmetischen Ansätze nicht zusagen, sei noch einmal an die alternative Methode im Kapitel 11 erinnert, mit der man aus den momentanen Wälzkreisgeschwindigkeiten ebenfalls ein gutes Bild der Vorgänge erhält. Wir hatten festgestellt, daß die zahnlos gedachten Walzen der Planetenräder auf der bremstrommelförmigen Innenwand des Ringrades abwälzen wie Reifen auf einer Straße. Im Fall des Reifens bewegt sich der höchste Punkt doppelt so schnell voran wie die Achsmitte, und natürlich hat der Berührpunkt zwischen Reifen und Straße die Relativgeschwindigkeit Null. Überträgt man diese Vorstellung auf einen der Planeten in Abb. 17.1, so ist die Momentangeschwindigkeit am Punkt X gleich Null und am Punkt Y halb so groß wie die am Punkt Z. Die Drehzahlen von Sonne und Planetenträger hängen von den Momentangeschwindigkeiten und dem radialen Abstand der Punkte Y und Z vom gemeinsamen Drehmittelpunkt ab. Da die Momentangeschwindigkeit bei Y kleiner ist als bei Z, und dazu an einem größeren Radius wirkt, muß die Drehzahl des Planetenträgers geringer sein als die der Sonne.

Bei allen nachfolgenden Berechnungen von Planetenübersetzungen haben wir möglichst die »Tabellen-Methode« angewendet. Nur dort, wo wir die Betrachtung der Momentangeschwindigkeiten für übersichtlicher hielten, haben wir uns dieser Methode bedient.

Dieser Radsatz ergibt also eine Übersetzung von 4,28:1 oder ein um das 4,28fache höheres Abtriebsmoment im Vergleich zum Antrieb.

Um den Gang im passenden Augenblick in Eingriff zu bringen, benutzt man üblicherweise Bandbremsen mit hydraulischer oder pneumatischer Betätigung, die so ausgelegt sind, daß sie rasch ansprechen und den

Zähnezahl	Ringrad A_1 69	Planet P_1 24	Sonne S_1 21	Plan.-träger C_1 0
Planetenträger festhalten; eine positive Umdrehung am Ringrad:	+1	$+\frac{69}{24}$	$-\frac{69}{24} \times \frac{24}{21}$ $= -3,28$	0
Das Ganze verblocken und um eine Umdrehung negativ verdrehen:	−1	−1	−1	−1
Arithmetisch addieren:	0		−4,28	−1

Kraftfluß nur sehr kurzzeitig oder gar nicht unterbrechen. Es erfordert eine sorgfältige Detailarbeit in Konstruktion und Grundabstimmung der Steuerungsorgane, wenn man sicherstellen will, daß die eine Bandbremse im gleichen Maße öffnet, wie die andere schließt. Und zwar ohne daß es Störungen etwa deswegen gibt, weil die beiden Bremsen gleichzeitig geschlossen sind und sich gegenseitig hemmen, oder weil beide einen Augenblick offen sind und der Motor inzwischen frei hochdrehen kann.

Das Bremsband am Reaktionsglied hat auch die Last der vollen Übertragungskräfte zu erdulden, und die können in den unteren Gängen infolge der Übersetzung sehr hohe Anlegekräfte erfordern. Deshalb an diesen Stellen die zumeist größer dimensionierten Hydraulikzylinder.

Planetengetriebe kombiniert man in automatischen Kraftübertragungen gewöhnlich mit einer Flüssigkeitskupplung oder einem Wandler. Sie haben für das Anfahren aus dem Stand zu sorgen, während die weitaus leichtere Arbeit des Gangwechselns den Bandbremsen überlassen bleibt. Mindestens eine historische Ausnahme von dieser Regel ist jedoch überliefert: die Kraftübertragung des Ford-T-Modells. Sie war in mancherlei Hinsicht einzigartig; denn mit zwei Pedalen betätigte man einen Rückwärts- und zwei Vorwärtsgänge. Ein Pedal brachte — voll durchgetreten — den untersetzten, und ganz losgelassen den direkten Vorwärtsgang, und die Leerlaufstellung war irgendwo dazwischen. Die Handbremse war so mit dieser Mechanik verbunden, daß bei geparktem Wagen und beim Starten des Motors das Pedal in Leerlaufstellung gehalten wurde. Den Rückwärtsgang bekam man, wenn man das zweite Pedal durchtrat und dabei das erste in Mittelstellung hielt. Wo man all' die Füße hernahm? Man brauchte kein Gaspedal; denn in jener Zeit verstellte man die Drosselklappe noch per Handhebel.

Sollen mehrere indirekte Gänge in einer Automatik bereitgestellt werden, so kombiniert man vielfach zwei oder mehr Planetensätze mit einander, so daß die Wirkung des ersten durch den oder die anderen entsprechend verwandelt wird, um passende Übersetzungen zwischen dem langsamsten und dem direkten Gang zu erhalten. Ein solcher Verbund wird in erster Linie deshalb nötig, weil man Schwierigkeiten hat, einen geeigneten separaten 2. Gang in den Abmessungen unterzubringen, die vom 1. Gang vorgegeben sind. Um z. B. einen schnelleren Gang als 4,28:1 zu erzielen, müßte man das Sonnenrad wesentlich größer oder das Ringrad wesentlich kleiner machen — oder auch beides. In jedem Fall verbliebe kaum mehr Platz für die Planetenräder.

ZWEITER GANG

Was die Abb. 17.2 darstellt, ist ein Getriebeaufbau, in dem der bereits oben beschriebene 1. Gang (rechts) mit einem ähnlichen Planetensatz verbunden wurde, um den 2. Gang zu liefern. Dabei ist der Planetenträger C_2 des 2. Ganges an das Ringrad A_1 vom ersten angewachsen. Beide Sätze werden von gleichgroßen Sonnenrädern S_1 und S_2 angetrieben, und auch alle anderen Zahnradabmessungen in beiden Gängen sind identisch.
Wenn die (rechts gezeichnete) Bandbremse für den 1. Gang angelegt ist, passiert genau das, was wir schon für den Planetensatz nach Abb. 17.1 erläuterten; denn die Planeten P_2 und das Ringrad A_2 des 2. Ganges laufen leer um, ohne Kräfte zu übertragen. Freilich quirlen solche leerlaufenden

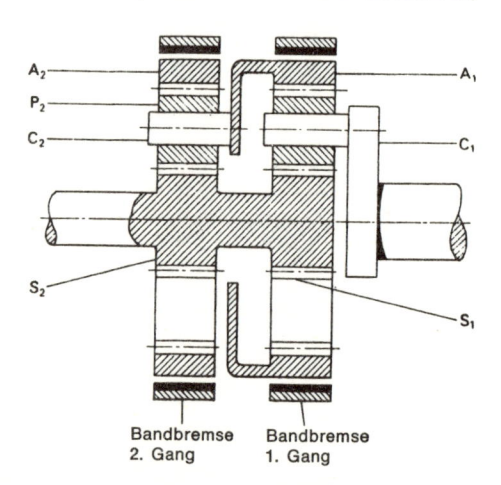

Abb. 17.2 Zweistufiger Planetenradsatz

Räder zuweilen ganz unangenehm das Öl durcheinander, abgesehen von oft unerwünscht hohen Relativgeschwindigkeiten an den Lagerzapfen.
Um in den 2. Gang hochzuschalten, wird das Bremsband des 1. Ganges gelöst und das des zweiten angelegt. Da beide Radsätze gleiche Zähnezahlen aufweisen, wirkt sich das Festbremsen des (linken) Ringrades A_2 so aus, daß Planetenträger C_2 und das mit ihm fest verbundene Ring-

rad A_1 gemeinsam gerade eine Umdrehung vollbringen, wenn die Eingangswelle mit den beiden Sonnenrädern S_1 und S_2 4,28 mal umläuft. Die Drehbewegung des zuvor gebremsten Ringrades A_1 ändert natürlich (relativ zur Sonne) die Drehzahl des Planetenträgers C_1 gegenüber derjenigen im 1. Gang. Seine Drehbewegung wird jetzt durch die Drehzahlen von Sonne und Ringrad bestimmt, die im gleichen Drehsinn, aber unterschiedlich schnell umlaufen. Die bloße Tatsache, daß sich Ringrad A_1 jetzt in derselben Richtung wie Sonne S_1 dreht, besagt schon, daß die Planeten rascher herumgewirbelt werden und der Planetenträger C_1 also schneller umläuft als es im 1. Gang, mit feststehendem Ringrad, der Fall gewesen sein kann. Um wieviel schneller, soll die folgende Berechnung zeigen.

Ein Blick auf Abb 17.2 macht den oben beschriebenen Vorgang deutlich: Wird A_2 festgehalten, so laufen C_2 und A_1 gemeinsam im Verhältnis 4,28:1 langsamer als die Sonne S_1/S_2, während die Planetendrehzahl (das Bild zeigt jeweils nur einen von drei unter 120° versetzten Planeten) durch die Drehzahlen von S_1/S_2 und A_1 gegeben wird.

Die Umfangsgeschwindigkeit von Ringrad A_1 an dessen Teilkreis ergibt sich aus Teilkreisumfang und Drehzahl; der Teilkreisumfang ist proportional der Zähnezahl, und für die vorliegende Berechnung setzen wir einmal die Drehzahl des Ringrades als Eins. Damit ist die Umfangsgeschwindigkeit des Berührpunkts nur noch proportional 69, der Zähnezahl des Ringrades. In gleicher Weise ist die Umfangsgeschwindigkeit des Berührpunkts zwischen Planeten und Sonne proportional 4,28 × 21, weil die Sonne 21 Zähne hat und 4,28 mal so rasch umläuft wie das Ringrad. Die Mitte des Planetenrades — das wissen wir — muß mit einer Umfangsgeschwindigkeit umlaufen, die das Mittel aus denen der beiden Berührpunkte innen und außen bildet. Daher ist die Umfangsgeschwindigkeit der Planetenmittelpunkte proportional ½ (69 + 4,28 × 21) = 79,44. Ferner rotiert die Planetenmitte auf einem Kurbelkreis, der proportional ist der Summe der Zähnezahlen von Sonnen- und Planetenrad, also proportional 21 + 24 = 45. Somit ist:

Winkelgeschwindigkeit des Planetenträgers C_1

$$= \frac{\text{Umfangsgeschwindigkeit}}{\text{Kurbelkreisumfang}} = \frac{79{,}44}{45} = 1{,}765.$$

Diese Zahl bezeichnet die Anzahl Umläufe des Planetenträgers C_1, also der Abtriebswelle, während sich der Antrieb 4,28 mal dreht. Und das Übersetzungsverhältnis zwischen treibendem Sonnenrad und Abtrieb im 2. Gang beträgt:

$$\frac{4,28}{1,765} = 2,43:1.$$

DRITTER GANG

Wenn man nach Abb. 17.3 den 3. Gang durch Anlegen des entsprechenden Bremsbandes (ganz links) einschaltet, dann wird das Sonnenrad S_3 zum Reaktionsglied, und die ursprünglich wirksame Übersetzung des 1. Ganges wird nun durch die Planetensätze des 2. und des 3. Ganges abgewandelt. Die Bewegungsverhältnisse werden damit recht undurchsichtig, denn S_1 und S_2 treiben die Ringräder A_1 und A_2 an, die jedes für sich

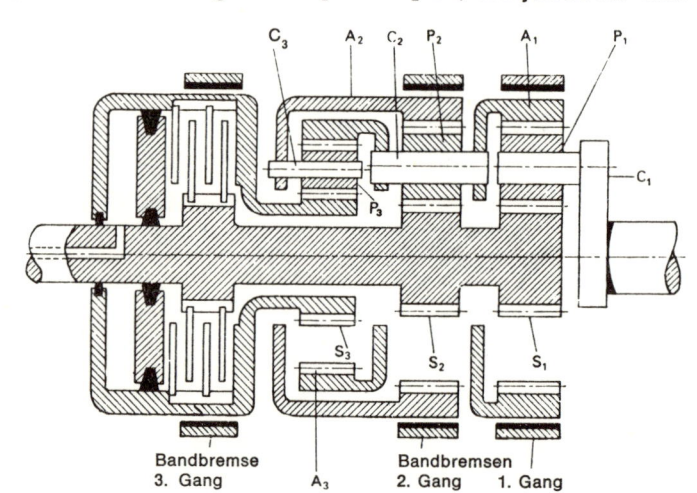

Abb. 17.3 Dreigängiges Planetengetriebe

mit den Planetenträgern C_2 und C_3 zusammengewachsen sind. Alle Räder des Getriebes, mit Ausnahme des nunmehr festgebremsten Sonnenrades S_3, können frei umlaufen. Die komplizierten Verhältnisse erfordern nun doch ein wenig Arithmetik, die aber in erträglichen Grenzen bleibt.
Machen wir es uns etwas leichter und stellen uns das Ringrad A_2 (und mit ihm den Planetenträger C_3) einmal festgehalten vor, lösen aber die anderen Bänder. Gibt man dem Gebilde: Ringrad A_1 / Träger C_2 / Ringrad A_3 (im Beispiel mit 60 Zähnen) eine Umdrehung in positiver Drehrichtung, so

macht der Planet P_3 (18 Zähne) währenddessen 60/18 = 3,33 Umdrehungen im gleichen Drehsinn, und S_3 (24 Zähne) wird in entgegengesetzter Richtung 60/18 × 18/24 = 2,5 Umdrehungen vollbringen. Aus vorangegangenen Rechnungen wissen wir, daß bei gebremstem Ringrad A_2 das Sonnenrad S_2 4,28 Umläufe für eine Drehung von A_1 ausführt und der Planetenträger C_1 sich gleichzeitig 1,765 mal dreht. Diese Ergebnisse fassen wir in der nachstehenden Tabelle zusammen. Wohlgemerkt kommen wir dabei wieder auf das im 3. Gang festgebremste Sonnenrad S_3 zurück, das wir pflichtgemäß in seine alte Lage zurückdrehen müssen, wobei der ganze übrige Radsatz als ein fester Block zu betrachten ist. Die alte Lage stellen wir durch 2,5 positive Drehungen von S_3 wieder her.

Rad:	S_3	A_2	S_1 oder S_2	C_1
Bewegung:	−2,5	0	4,28	1,765
Das Ganze verblockt 2,5mal positiv verdrehen:	2,5	2,5	2,5	2,5
Verbleibende Bewegung:	0		6,78	4,265

$$\text{Übersetzung:} \frac{\text{Antrieb } S_1/S_2}{\text{Abtrieb } C_1} = \frac{6,78}{4,265} = 1,59:1$$

DIREKTER GANG

Der vierte oder direkte Gang wird hergestellt, indem man eine Reibungskupplung im Innern der Bremstrommel für den 3. Gang mit Drucköl betätigt. Die drei Sonnen S_1, S_2 und S_3 rotieren nun mit Eingangsdrehzahl, und die Wechselwirkung zwischen den Ringrädern und miteinander verbundenen Planetenträgern sperrt den ganzen Radsatz derart, daß er als fester Block umläuft und der Abtrieb mit dem Antrieb direkt gekuppelt ist.

RÜCKWÄRTSGANG

Aus Abb. 17.4 geht hervor, wo man den Rückwärtsgang in bezug auf die zuvor erläuterten Vorwärts-Radsätze am besten unterbringt. Man läßt das Sonnenrad S_R mit dem Ringrad A_1 des 1. Ganges und den Planetenträger

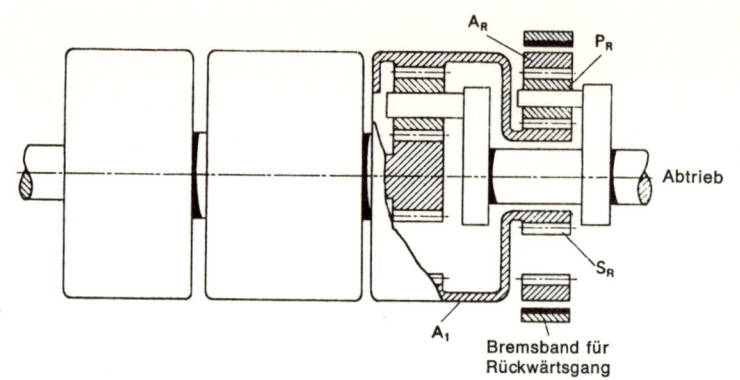

Abb. 17.4 Planetensatz zur Drehrichtungsumkehr

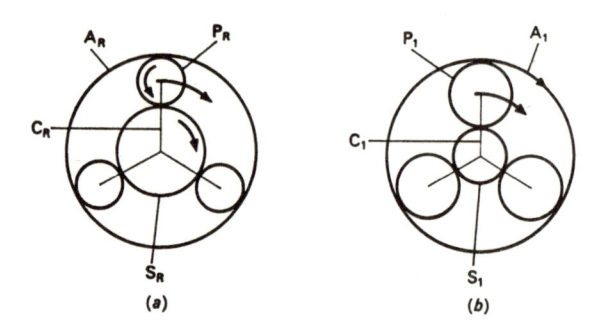

Abb. 17.5 Seitenansichten (a) Rückwärtsgang (b) 1. Gang

mit der Abtriebswelle unmittelbar zusammenwachsen. Wie in diesem Rückwärtsgangsatz der 1. Gang in eine gegenläufige Bewegung umgewandelt wird, läßt sich vielleicht am besten anhand der Abb. 17.5 erklären, die je eine Ansicht auf die Räder des Rückwärts- und des ersten Ganges von der Kardanwelle her darstellt.

Wir denken uns in der linken Zeichnung das Ringrad A_R festgebremst, weil das Auto rückwärts fahren soll, und die Abtriebswelle — wie es bei konventionellen Kraftübertragungen im Rückwärtsgang der Fall ist — im Uhrzeigersinn rotierend. Die Planeten P_R rollen an der Innenseite des stehenden Ringrades A_R ab und drehen sich daher linksherum. Die Sonne S_R erhält daraus wiederum ihre Drehung im Uhrzeigersinn, und da sie mit dem Ringrad des 1. Ganges ein Stück bildet, so gilt der Rechtsdrehsinn ebenfalls für A_1.

Damit befinden wir uns im Räderwerk des 1. Ganges, rechtes Bild, wo der Planetenträger C_1 als Bestandteil der Abtriebswelle mit dieser im Uhrzeigersinn, also gleichgerichtet wie A_1, rotiert. Von den relativen Umfangsgeschwindigkeiten an den verschiedenen Wälzkreisen hängt es nun ab, was die Planeten P_1 und die Sonne S_1 tun. Das klingt komplizierter als es in Wirklichkeit ist. Unsere Zeichnungen behandeln die Räder ja bereits, als wären sie zylindrische Rollen, und so sind es auch die Geschwindigkeiten am Umfang dieser Rollen, bzw. am Kurbelkreis des Planetenträgers, die den Drehrichtungsverlauf bestimmen. Die Drehzahlen von C_R und S_R ergeben sich aus den diversen Zähnezahlen. Die folgenden Beispiele sollen das Prinzip erläutern.

Wenn das Ringrad A_1 und der Planetenträger C_1 mit gleicher Drehzahl umlaufen würden, so nähmen sie die Planeten mit, ohne daß diese sich um sich selbst drehen. Auch das Sonnenrad S_1 hätte dann keine andere Wahl, als im gleichen Tempo mit A_1 und C_1 mitzulaufen. Läßt man durch die Wahl der Zähnezahlen das Ringrad rascher umlaufen als den Planetenträger, so gibt es einen Punkt, an dem die Situation vorliegt, daß die Planeten das Sonnenrad umkreisen, ohne ihm die geringste Antriebsbewegung mitzuteilen. Diese beiden Zustände kennzeichnen die Grenzen, zwischen denen die Drehzahl der Sonne sinkt, solange die Relativdrehzahl des Ringrades gegenüber dem Planetenträger zunimmt. Nimmt sie aber noch über den zuletzt genannten Grenzzustand hinaus weiter zu, so kehrt sich die bisherige Drehrichtung der Sonne um, sie beginnt linksherum zu laufen. Es war also eine Frage der Wahl passender Zähnezahlen, die zur Umkehrung der Drehrichtung geführt hat.

Die folgende Berechnung bestätigt dies zum Beispiel für die in der Kopfzeile eingesetzten Zähnezahlen. Es mag zum besseren Verständnis des Rechnungsganges beitragen, wenn wir uns ins Gedächtnis zurückrufen, daß wir das Planetensystem in ein simples Stirnradgetriebe verwandeln können, indem wir das Gebilde Abtriebswelle/C_1/C_R festhalten. In einem solchen Getriebe wird die Drehung, die wir A_R erteilen, über P_R an S_R direkt weitergeleitet; mit S_R zusammen dreht sich A_1 des 1. Ganges und reicht die Bewegung weiter über P_1 an S_1. Haben wir auf diese Weise bei stehenden Planetenträgern alle Räder der Doppeleinheit übersetzungsgemäß gegeneinander verdreht, so müssen wir nun in bewährter Weise den ganzen Satz als massiven Block um eine Drehung zurückbewegen, so daß Ringrad A_R wieder in seine Ausgangslage kommt. Dabei ergibt sich das folgende Bild:

	Ringrad	Planet	Sonnenrad	Ringrad	Planet	Sonnenrad	Planetenträger
Zähnezahl:	A_R 68	P_R 18	S_R 32	A_1 69	P_1 24	S_1 21	C_1 und C_R
Beide Pl.-Träger festhalten A_R eine Drehung positiv:	+1	$+\frac{68}{18}$	$-\frac{68}{18}\times\frac{18}{32}$	$-\frac{68}{18}\times\frac{18}{32}$	$-\frac{68}{32}\times\frac{69}{24}$	$+\frac{68}{32}\times\frac{69}{24}\times\frac{24}{21}$ = 6,98	0
Alles um eine Umdrehung zurück:	−1					−1	−1
Resultierende Bewegung:	0					5,98	−1

Übersetzung: $\dfrac{\text{Antrieb } S_1}{\text{Abtrieb } C_R} = -5{,}98 : 1$ (d. h. Rücklauf).

DIE BEDIENUNG DES PLANETENGETRIEBES

Für die Bandbremsen der Planetengetriebe werden Bedienungssysteme erforderlich, für die sich die Anwendung von zumeist hydraulischen Servokräften und von Fernbetätigungen ganz zwangsläufig anbietet. Wir werden dies im folgenden ausführlicher untersuchen.

18. Halbautomatische Kraftübertragungen

Man kann aus dem Wandler oder der hydraulischen Kupplung mit einem Planetengetriebe zusammen eine halbautomatische Kraftübertragung aufbauen, die sich dadurch auszeichnet, daß das Kupplungspedal fehlt und die Bewegung am Handschalthebel einen servobetätigten Gangwechsel auslöst. Die Strömungsmaschine ermöglicht das Anfahren aus dem Stillstand, während die über Bandbremsen geschalteten Planetensätze den Verzicht auf jegliches Aus- und Einkuppeln gestatten.
Freilich, das Lösen und Anlegen der Bandbremsen muß sehr akkurat gesteuert werden, um nicht in die eine oder die andere Seite der Zwickmühle zu geraten: in der einen kann der Motor, vom Antrieb getrennt, kurz aufheulen, in der anderen greifen für einen Augenblick zwei Gänge gleichzeitig, und das gibt sehr unangenehme Störeffekte.
Die Anpreßkräfte für die Bandbremsen liefern gewöhnlich Drucköl- oder Pneumatikzylinder, welche über Zwischenglieder auf das Bremsband wirken. Damit wird die Schaltbetätigung eine Sache des Steuersystems, welches das Druckmittel in den Zylinder ein- bzw. es herausströmen läßt. Die dafür erforderlichen einfachen Ventile werden hier durch die Position eines kleinen Handhebels in seiner Schaltkulisse geöffnet und geschlossen. Dazu braucht der Fahrer kaum nennenswerte Kraft aufzubieten, er bestimmt mit der Bewegung jedoch selbst den Gang, in dem er fahren will. Und hierin vor allem anderen unterscheidet sich das halbautomatische Getriebe von der Vollautomatik, bei der prinzipiell der Fahrer zur Wahl der jeweils angemessenen Übersetzung nichts zu tun braucht. Daß es dennoch auch bei der Vollautomatik Situationen gibt, in welchen der Fahrer den Gang wählt, sehen wir in einem späteren Kapitel.
Abb. 18.1 zeigt das Schema einer Kraftübertragung, die viele Jahre lang recht weit verbreitet war. Da die Verbindung zwischen Handhebel und Getriebe hier nur von Ölleitungen gebildet wird, eignet sich das Gerät auch gut für Fahrzeuge, in denen beide weit auseinanderliegen, wie es z. B. bei Heckmotoranordnung der Fall ist. Den Anfahrvorgang besorgt ein Wand-

ler oder eine hydraulische Kupplung, und ein Planetengetriebe nach Art desjenigen in Kapitel 17 vermittelt die Fahrgänge.

Nachdem sich das herkömmliche Stirnradschaltgetriebe heute zu einem so zuverlässigen und preisgünstigen Aggregat entwickelt hat, wird immer wieder einmal der Versuch unternommen, es in eine Halbautomatik einzugliedern. Erleichtert wird ein solches Vorhaben durch die erfolgreichen Entwicklungen auf dem Gebiet hochwirksamer Synchronisierungen, durch deren Mitwirkung das Schalten derart vereinfacht wird, daß sich eine echte Automatik eigentlich erst dort wirklich bezahlt macht, wo jemand sich mehrere Stunden täglich im starken Verkehr mit hohen Gangwechselzahlen bewegt (Stadtomnibusse bringen es z. B. spielend auf 5 Stopps und Starts je Kilometer!).

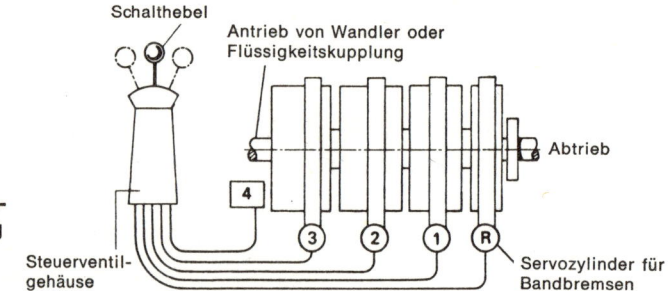

Abb. 18.1 Halbautomatische Kraftübertragung mit ferngesteuertem Planetengetriebe

Wo für das Anfahren eine automatische Kupplung verwendet wird, muß für die Gangwechsel beim Stirnradgetriebe noch mindestens eine ausrückbare Kupplung zusätzlich vorgesehen werden, weil nur wenige automatische Kupplungen eine Trennung des Kraftflusses erlauben, wenn sie einmal über den Einkuppelpunkt hinweg sind.

HALBAUTOMATISCHE KRAFTÜBERTRAGUNG MIT STIRNRADGETRIEBE

Aus der Abbildung 18.2 ist zu ersehen, wie bei den halbautomatischen Systemen von Porsche und VW eine Einscheiben-Trennkupplung zwischen Wandler und Schaltgetriebe angeordnet ist, die eine Kraftflußunterbrechung während der Gangschaltungen ermöglicht. Um die Kupplungsbedienung zu automatisieren, ordnet man ihre Steuerung dem Gangwechsel zu und setzt Servokräfte für das Ausrücken der Kupplung ein. So bietet der Unterdruck im Saugrohr des Motors, in einem Speicher für jederzeitigen Abruf bereitgehalten, ausreichend Energie zum Öffnen der Kupplung. Ein elektrischer Schalter, der über ein Magnetventil den Unterdruck auf einen Servomotor wirken läßt, ist mit dem Handschalthebel verbunden, so daß die Kupplung jeweils kurz vor dem Gangwechsel gelöst und danach wieder eingerückt wird. Reibungskupplungen, die man in dieser Weise allein für den Schaltvorgang benutzt, haben bei weitem nicht so hohe Beanspruchungen zu ertragen, wie wenn sie auch für das Anfahren aus dem Stand herhalten müssen.

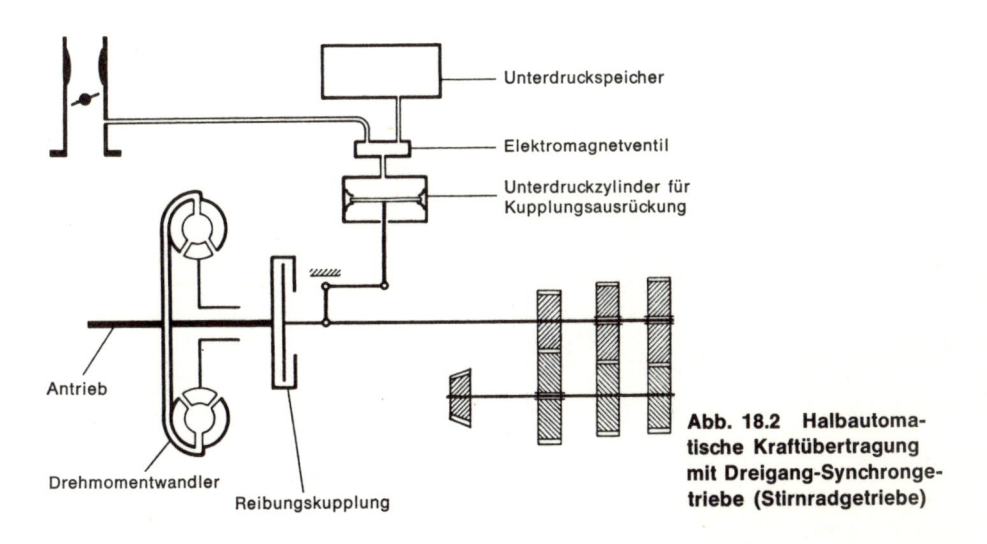

Abb. 18.2 Halbautomatische Kraftübertragung mit Dreigang-Synchrongetriebe (Stirnradgetriebe)

Interessant ist bei diesem Dreiganggetriebe (Abb. 18.2), daß es sich dabei um ein Vierganggetriebe handelt, in dem man den 1. Gang weglassen konnte, weil die Übersetzung des 2. Ganges unter Berücksichtigung der Drehmomenterhöhung des Wandlers allen Bedürfnissen genügt.

Bei dieser Halbautomatik ist der Wandler ständig in Aktion und läßt eine gewisse Anpassung an die Drehmomentänderungen zu, die sich während der Gangschaltungen ergeben, so daß es saubere Übergänge an den Schaltpunkten gibt. Wenn es die Verkehrsverhältnisse erlauben, kann man ein Fahrzeug mit dieser Kraftübertragung in einem der unteren Gänge über den ganzen Betriebsbereich des Wandlers wie eine Vollautomatik fahren.

ZF — HYDROMEDIA

Die Abb. 18.3 zeigt eine andere interessante Kombination des Trilok-Wandlers mit dem Stirnradschaltgetriebe, bei der die Trennkupplungen innerhalb des Getriebes liegen und auch die Funktion der Synchronisierungen übernehmen, also den jeweils gewählten Gang unmittelbar zum Eingriff bringen. Für den 1. Gang wird die Lamellenkupplung G geschlossen, und der Kraftfluß verläuft vom Turbinenrad des Wandlers durch die Hohlwelle über Stirnräder A und B, über die innere Vorgelegewelle zur Kupplung G, die die Brücke zu Rad E bildet, schließlich zu Rad F auf der Abtriebswelle.

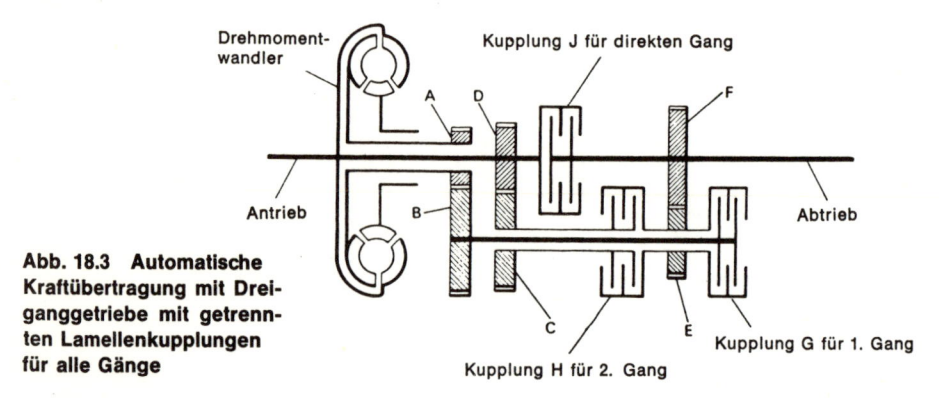

Abb. 18.3 Automatische Kraftübertragung mit Dreiganggetriebe mit getrennten Lamellenkupplungen für alle Gänge

Im 1. und im Rückwärtsgang arbeitet der Wandler während des Anfahrens aus dem Stand als Kupplung, um sich im Fahrbereich automatisch dem Drehmomentbedarf anzupassen. Das Schalten in den 2. Gang wird ausgelöst durch einen fahrgeschwindigkeitsabhängigen Geber und von der Drosselklappenstellung moduliert. Prinzipiell richten sich die Schaltpunkte also nach dem Fahrtempo, doch die Überlagerung durch die Gashebelstellung verzögert das Aufwärtsschalten bei Vollast und voller Öffnung der Drosselklappe und läßt früheres Hochschalten bei Teillast zu (weil dann die Geschwindigkeit offenbar ohne große Anstrengung des Motors erreicht wird und ein höherer Gang angemessen ist).

Wenn die Steuerung den 2. Gang wählt, öffnet sie Kupplung G und schließt Kupplung H, so daß der Antrieb nun nicht mehr durch den Wandler, sondern direkt zum Radpaar D-C, von dort durch die hohle Vorgelegewelle und Kupplung H zum Radpaar E-F und zum Abtrieb verläuft. Der Wandler wird in diesem und im direkten Gang umgangen, wodurch man Schlupfverluste vermeidet. Allerdings beraubt diese Maßnahme die ganze Anlage der ausgleichenden Funktion der Strömungsmaschine.

Den direkten dritten Gang schaltet die automatische Steuerung bei passendem Fahrtempo und entsprechender Drosselöffnung einfach durch Öffnen der Kupplung H und Schließen der direkten Verbindung J (siehe Abb. 18.3).

SCHLUSSFOLGERUNG

Halbautomatische Kraftübertragungen bedeuten eine ganz wesentliche Bedienungserleichterung. Doch es gibt Bedingungen, unter denen ein vollautomatisches Getriebe die Arbeit besser verrichtet. Nicht jeder Fahrer versteht genug vom Motor und vom Getriebe, um in jeder Situation die richtige Übersetzung an der Hand zu haben. Andere wollen ihre Aufmerksamkeit nicht durch so unnütze Dinge wie Kuppeln und Schalten ablenken lassen, und viele geübte Fahrer sind außerdem der Ansicht, daß eine vollautomatische Kraftübertragung die Sicherheit und das Vergnügen am Fahren erhöht.

19. Grundsätzliches über die Vollautomaten

In früheren Kapiteln hatten wir uns mit den automatischen Kupplungen, den Synchronisierungen und den Servo-Schalthilfen befaßt — lauter Mittel, um die Bedienung des Getriebes zu vereinfachen und zu verbessern. Mit entsprechenden Kombinationen dieser Bauelemente läßt sich die Arbeit des Gangwechsels auf wenig mehr als ein bloßes Wählen der jeweils geeigneten Übersetzungsstufe reduzieren. Es gibt eine Menge Autofahrer, die es so und nicht anders haben wollen, weil ihnen die genannten Hilfen immer noch genügend Freiheit lassen, um mit Geschicklichkeit und Erfahrung die optimalen Fahrleistungen zu erzielen. Denn sie können selbst im richtigen Moment den richtigen Gang bestimmen. Andere aber sind, wie schon erwähnt, davon überzeugt, daß das Schalten ermüdend wirkt und die Konzentration auf andere Verkehrsteilnehmer beeinträchtigt, und wieder andere gehen mit Kupplung und Getriebe so unvorsichtig um, daß sie viel zu früh verschleißen und ausfallen.

Außer den fanatischen »Handschaltern« würde es eigentlich mehr oder weniger allen Kraftfahrern gut tun, eine Kraftübertragung zu haben, die alles vollautomatisch verrichtet und die jeweils passende Momentübersetzung für die ganze Palette der Fahrzustände auswählt, von der Bergauffahrt mit Vollast bei langsamem Fahrtempo bis zur Teillastfahrt in der Ebene oder bergab.

Automatische Bedienungssysteme werden üblicherweise von der Kardanwellendrehzahl, also der Fahrgeschwindigkeit, und der Drosselklappenstellung, also dem Lastzustand des Motors, beaufschlagt. Der Drehzahlgeber besteht im allgemeinen aus einem mechanischen Fliehkraftregler an der Getriebe-Abtriebswelle, kann aber je nach Art und Zweck auch elektrisch (z. B. induktiv) oder hydraulisch sein. Normalerweise wird die Regelbewegung auf ein Verteilerventil geleitet, welches Drucköl auf die Servomotoren von Kupplungen und Bandbremsen gibt, wenn immer eine

Übersetzungsänderung von der Steuerung eingeleitet wird. Gleichzeitig werden die im Moment nicht benötigten Stellmotoren entlastet.

Da die Gaspedalstellung den augenblicklich gefahrenen Lastzustand recht exakt wiedergibt, überlagert man die Reglerbewegung durch ein federbelastetes Stellglied im Gasgestänge. Bei Vollgas ist die Feder zusammengedrückt und setzt der Reglerbewegung einen hohen Widerstand entgegen, der in dem Maße schwächer wird und die Regelung freigibt, wie man das Gas zurücknimmt.

In manchen Anlagen bedient man sich auch des Saugrohrunterdrucks als Regelgröße für die Motorbelastung: Bei weit offener Drosselklappe, also Vollast, ist der Druck im Saugrohr nahe am atmosphärischen der Umgebung, während zunehmender Unterdruck im Ansaugrohr herrscht, wenn man Gas wegnimmt und die Kolben ihr Gasvolumen an der teils geschlossenen Klappe vorbei anzusaugen suchen. Die Anbringung einer dünnen Rohrleitung zwischen Saugrohr und Steuerventil ist bei manchen Anlagen einfacher als die Verbindung eines mechanischen Stellglieds im Gasgestänge mit der Regeleinrichtung. Im übrigen läßt sich der Druckunterschied zwischen Atmosphäre und Saugrohr auch als Modulationsenergie nutzen, die als Gegengewicht zur Verstellkraft des Fliehkraftreglers eingesetzt wird.

Eine vereinfachte Darstellung eines Reglers mit Verteilerventil und gaspedalabhängiger Modulation zeigt Abb. 19.1. Zwischen Gasgestänge und Regler ist eine Feder derart angebracht, daß sie bei Vollgas mehr oder weniger zusammengedrückt ist und sich dem Bemühen des Reglers widersetzt, das Verteilerventil in die Position »Aufwärtsschalten« zu bringen. Steigt die Fahrgeschwindigkeit ohne Änderung der Drosselklappenstellung, so besagt dies, daß für den augenblicklichen Fahrzustand mehr als genug Drehmoment an der Kardanwelle verfügbar ist; die Fliehgewichte schwenken nach außen und der Steuerkolben gibt den Ölfluß für eine Aufwärtsschaltung frei. Überrollt das Auto den Motor wie z. B. im Gefälle, so ist die Drosselklappe nahezu geschlossen, die Feder im Gestänge wird entlastet, und der Regler kann die Hochschaltung bereits bei geringerem Tempo ausführen. Bei einer Automatik, die unter Vollast z. B. bei 90 km/h in den 3. Gang schaltet, läßt man im Teillastbereich diesen Gang schon etwa bei 65 km/h kommen.

Sorgt man für eine ausgewogene Kräfteverteilung zwischen Regler und Stellfeder im Gasgestänge, so schaltet der Automat in ganz ähnlicher Weise wie ein geschickter Fahrer es tun würde, und in diesem Punkt dürfte die Bedienung durch ein automatisch arbeitendes Gerät ganz allgemein schonender sein als diejenige, die ein ungeübter Fahrer dem Getriebe zu-

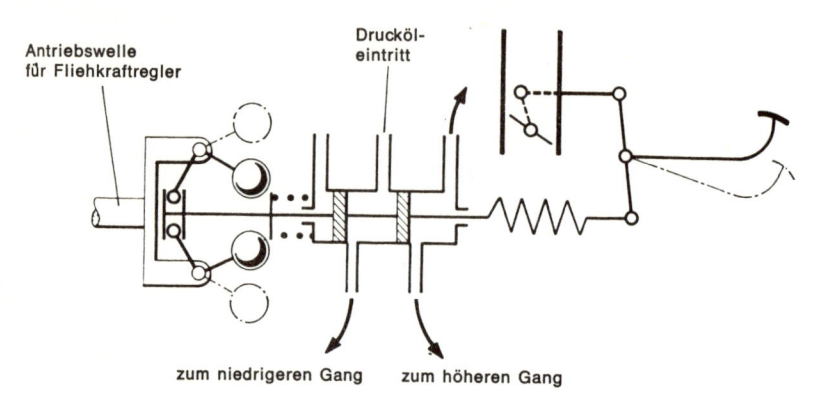

Abb. 19.1 Automatische Regelung bei langsamer Fahrt und Teilgas

mutet. Was freilich keine Automatik kann, das ist vorauszudenken und von selbst in einen niedrigeren Gang zu schalten, z. B. weil man die volle Beschleunigung zum Überholen braucht oder eine Steigung nehmen will: Hier soll nicht erst das abfallende Tempo den kleineren Gang »holen«. Oder auch, wenn man am Beginn eines Gefälles die Motorbremswirkung in einem kleineren Gang ausnutzen will. Um für derartige Situationen gerüstet zu sein, kann gewöhnlich der Fahrer die automatische Steuerung durch volles Durchtreten des Gaspedals überspielen (Kickdown). In unserem Schema (Abb. 19.1) wird beispielsweise bei vollem Durchtreten des Pedals die Stellfeder gänzlich zusammengedrückt und eine starre Verbindung zwischen Pedal und Kolbenstange geschaffen, die ein sofortiges Verschieben des Kolbens und somit eine Hinunterschaltung zur Folge hat.

Wenngleich die Bausteine der Steuerung, wie wir sie hier beschrieben haben, nicht bei jeder Automatik in gleicher Weise angewendet werden, so sollte das Gesagte doch ausreichen, um die Arbeitsweise der verschiedenen automatischen Kraftübertragungen in den folgenden Kapiteln verstehen zu können.

20. DAF-Variomatic-Kraftübertragung

Die automatische Kraftübertragung von DAF ist im Grunde recht einfach aufgebaut, und ihre Steuerelemente sind weit leichter überschaubar als die anderer Getriebeautomaten, in deren Steuergehäusen sich eine Vielzahl von Ventilen, Schiebern und Kanälen verborgen hält.

Wir zeigten bereits im 7. Kapitel, wie man mit Hilfe von Keilriemen und axial verschiebbaren Riemenscheiben zu einem Fächer von stufenlos verstellbaren Antriebsübersetzungen kommt. Um nun den automatischen Verstellmechanismus zu begreifen, müssen wir den DAF-Antrieb etwas näher unter die Lupe nehmen, weil man nur so einigen der raffinierten Details dieser Konstruktion auf die Spur kommt.

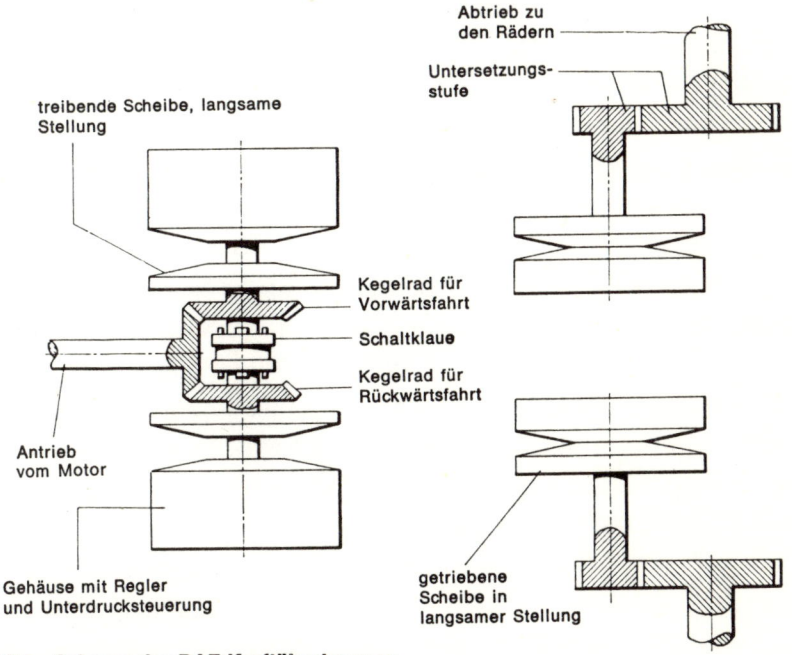

Abb. 20.1 Schema der DAF-Kraftübertragung

Unsere Abb. 20.1 veranschaulicht die Anordnung der Variomatic in einem Wagen mit vornliegendem Motor und getriebenen Hinterrädern. Der Motor wirkt über eine Fliehkraftkupplung ähnlich Abb. 4.5 auf eine leichte, rohrförmige Antriebswelle. Sie endet an einem Kegelradgetriebe, das den vorderen Teil der Variomatic markiert. Da Kegelradgetriebe und Motor in derselben Rahmenstruktur aufgehängt sind, konnte man sich für die Antriebswelle die schweren und teuren Kardangelenke sparen und Gummielemente verwenden, deren Flexibilität völlig ausreicht. Zudem dreht diese Welle mit Motordrehzahl und wird mit keinem höheren als dem maximalen Motordrehmoment beaufschlagt. Das ist sehr wenig im Vergleich zu normalen Kardanwellen, die zwischen Getriebe und Hinterachse vermitteln.

Die Einfederung der hinteren Pendelachse berücksichtigt DAF folgendermaßen: Die Schwenkarme sind so angeordnet, daß ihre Mitten durch die unteren Riemenstränge der Keilriemen verlaufen und die aus Auf- und Abbewegungen der Räder resultierende Verschränkung der Scheiben in den oberen, losen Strängen der Riemen aufgenommen wird. Auf diese Weise kann die Einfederung kein Abspringen der Riemen von den Scheiben verursachen. Dies wäre dann zu befürchten, wenn der unter Zugkraft stehende Riemenstrang die Verschränkung der Pulleys zu verkraften hätte. In einem neueren Modell sind die angetriebenen Scheiben nicht mehr gegen die treibenden verschränkbar, denn hier verbindet man sie mit einem kombinierten Reduktions- und Differentialgetriebe, von dem aus zwei Doppelgelenkwellen zu den Rädern führen.

Zurück zum Kegelradgetriebe, wo das Antriebsmoment über eines von zwei Kegelradpaaren auf die vordere Querwelle übertragen werden kann, indem man eine Klauenkupplung zum Eingriff bringt. Ihre drei Positionen, in die man sie per Handhebel verschieben kann, ergeben Vorwärts-, Rückwärtsfahrt und Leerlauf. Natürlich muß das Fahrzeug bei diesen Wählvorgängen stillstehen und die Fliehkraftkupplung durch entsprechend niedrige Motordrehzahl geöffnet sein.

Je eine Stirnraduntersetzung findet sich links und rechts zwischen getriebener Riemenscheibe und Rad. Da man Riemenscheiben etwa gleicher Größe vorn und hinten verwendet (sehr unterschiedliche Durchmesser würden zu knappe Umschlingungswinkel an der kleineren Scheibe bedeuten), benötigt man die Stirnraduntersetzungen, um die Enddrehzahl genügend weit herunterzusetzen. Und an dieser Stelle hinter den Riemenscheiben baut man sie deshalb ein, weil dann die Riemen nicht die erhöhten Antriebskräfte zu übertragen haben. Ein Nebenprodukt ergibt sich aus der einstufigen Endübersetzung: Die Riemenscheiben können entgegengesetzt zur Raddrehrichtung umlaufen, und das hat den Vorteil, daß der untere Riemenstrang der gezogene und der obere der lose ist, dessen Durchhang nun den Umschlingungswinkel erhöht. Dies gilt allerdings nur für den Zugbetrieb (Motor zieht Fahrzeug), während im Schub der obere Teil stramm ist und der untere durchhängt.

Jede Riemenscheibe besteht bei DAF aus zwei Hälften, von denen eine fest und die andere verschiebbar auf der Welle sitzt — letztere in Verbindung mit einer Tellerfeder. Diese ist in einer Hülse verankert, die auf die Welle aufgeschoben ist und die Antriebskraft auf die Riemenscheibenhälfte über Keilprofil und Nuten überträgt. Außer der Drehmomentübetragung hat die Tellerfeder die Aufgabe, beide Hälften der Riemenscheibe gegeneinander zu drücken; es sei denn, sie würde daran durch andere Kräfte gehindert, auf die wir aber noch zu sprechen kommen. Die Wirkungsweise der Tellerfeder ist also im Prinzip so, als wäre die lose Scheibenhälfte auf Keilprofil verschiebbar und würde von einer Schraubenfeder angedrückt.

Im Fall der treibenden Riemenscheibe wird die jeweilige Lage der beweglichen Hälfte bestimmt durch die Wechselwirkung zwischen Tellerfeder, Riemenspannung, Fliehkraftregler und die Stellkraft eines Servomotors, der vom Motor-Unterdruck beaufschlagt wird. An der getriebenen Riemenscheibe dagegen steht die lose Hälfte unter der Einwirkung der Riemenspannung und der axialen Kräfte der Tellerfeder sowie einer zusätzlichen Schraubenfeder.

AUSWIRKUNG DER RIEMENSPANNUNG

Betrachten wir den Einfluß des Variomatic-Steuersystems auf die jeweilige Position der losen Scheibenhälfte, so müssen wir einen Zusatzeffekt mit berücksichtigen, der sich aus der natürlichen Tendenz der Keilriemenscheibe ergibt, sich selbsttätig der momentanen Last anzupassen. Besteht nämlich ein erheblicher Unterschied in den Zugspannungen von gezogenem und losem Strang, so versucht der gezogene Teil bei seinem Eintritt in die ziehende Riemenscheibe, deren beiden Hälften auseinanderzuziehen, während gleichzeitig der lose Teil in der getriebenen Scheibe weiter außen aufzuliegen trachtet. Hierdurch zwingt eine hochbelastete Kraftübertragung die beiden Riemenscheiben dazu, automatisch die Stellung eines langsamen Ganges einzunehmen, d. h. einen kleinen wirksamen Radius an der treibenden und einen entsprechend größeren an der getriebenen Scheibe.

Umgekehrt ergibt sich bei niedrigerer Riemenbelastung eine geringere Neigung, die Scheibenhälften der treibenden Seite auseinanderzuziehen. Den Extremfall bildet der Schubzustand, in dem der dahinrollende Wagen den Motor treibt und bei dem der obere, sonst lose Riemenstrang straff wird. Er sucht dann seinerseits, das hintere Pulley auseinanderzudrücken, während der nun herabhängende untere Riemenstrang auf der vorderen Scheibe möglichst weit außen laufen möchte. Somit ergibt sich eine um so schnellere Übersetzung, je weiter die losen Scheibenhälften unter den auf sie wirkenden Andrückkräften dies zulassen.

DIFFERENTIALWIRKUNG

Die eben beschriebene Neigung zur selbsttätigen Anpassung an den Lastzustand stellt gleichzeitig das allein verantwortliche Konstruktionselement für den Kurvenausgleich dar. Das schneller drehende kurvenäußere Rad erlaubt den Riemenscheiben auf dieser Seite, in eine schnellere Übersetzung zu wechseln, während die Scheiben der anderen Seite im gleichen Maße vom langsamer laufenden Rad in eine langsamere Position gezwungen werden. Wir wissen, daß bei Verwendung eines normalen Differentials ein durchrutschendes Rad die gesamte Traktion unterbricht. Die DAF-Variomatic dagegen funktioniert weiter, solange noch ein Rad Traktion besitzt. (Mit dem Einbau eines Ausgleichgetriebes in das DAF-Modell 66 verzichtete man zwar auf diesen Effekt, erzielte aber eine bessere Fahrwerksauslegung.)

STEUERSYSTEM

Einige einfache Motorrad- und Rollerkonstruktionen überließen die Übersetzungsänderung gänzlich der selbsttätigen Riemenscheibenverstellung, während andere mit Handhebeln zum Verschieben der Scheibenhälften ausgerüstet waren. Die DAF-Variomatic erzielt eine vollautomatische Steuerung durch die Kombination von Riemenstellkraft, Fliehkraftregler und Motor-Unterdruck.

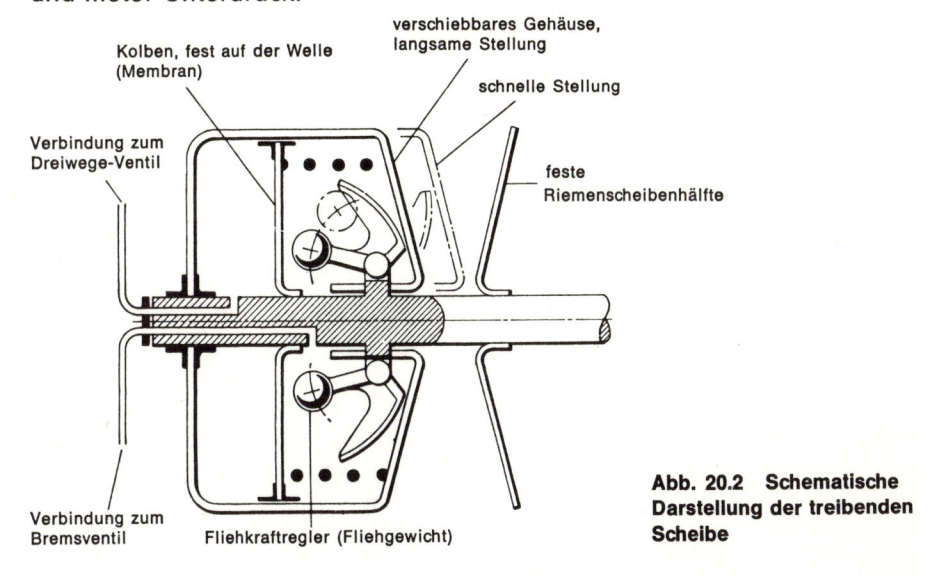

Abb. 20.2 Schematische Darstellung der treibenden Scheibe

Die Fliehgewichte sind, wie Abbildung 20.2 schematisch darstellt, auf der vorderen, treibenden Querwelle gelagert und so angeordnet, daß mit zunehmender Drehzahl und nach außen schwenkenden Gewichten die lose Scheibenhälfte auf die feste zu bewegt wird. Das entspricht einem schnelleren Gang, und man gibt diesen Steuerimpuls deshalb, weil das Erreichen einer bestimmten Fahrgeschwindigkeit den Rückschluß erlaubt, daß nun eine direktere Übersetzung benutzt werden darf. Doch die Drehzahl allein kann für eine zufriedenstellende Steuerung nicht ausreichen, weil das Hinauf- und Hinunterschalten dann ohne Rücksicht auf die Motorbelastung stets beim gleichen Fahrtempo erfolgen würde.

Sinkt zum Beispiel das Fahrtempo wegen einer Steigung, so ist im allgemeinen ein kleinerer Gang angezeigt. Sinkt das Tempo aber, weil der Fahrer (in der Ebene) mit wenig Gas fährt, so beabsichtigt er durchaus kein Hinunterschalten, obgleich beidemal die Raddrehzahl gleich hoch ist. In diesem Fall aber sollte mit dem Hinunterschalten bis zu einem erheblich niedrigeren Fahrtempo gewartet werden als im Fall der starken Steigung.

Da es nicht möglich ist, die Scheibenhälften bei stillstehendem Wagen gegen den Riemen zusammenzuschieben, muß der Riementrieb schon im Auslauf, bevor der Wagen zum Stehen kommt, für das nächste Anfahren in den langsamsten Gang gebracht werden. In dieser Hinsicht unterscheidet sich die Variomatic vom mechanischen Getriebe, das sich auch im Stand beliebig schalten läßt.

Um Gangwechsel bei denselben Fahrzuständen ausführen zu lassen, bei denen es der geschickte Fahrer selbst tun würde, überlagert man der Fliehkraftregelung noch eine gaspedalabhängige Steuerung, wie in Kapitel 19 erläutert. Ausreichende Stellkräfte dafür erhält man, indem man die Druckdifferenz, den Unterdruck zwischen Saugrohr und Atmosphäre, nutzbar macht. Er ist gering bei Vollgas und wächst mit dem Schließen der Drosselklappe, wenn der Motor alle Mühe hat, genügend Gasgemisch durch den verkleinerten Querschnitt anzusaugen.

Wie man den Unterdruck zur Bewegung der Riemenscheibenhälfte einsetzt, mag am einfachsten die Abb. 20.2 veranschaulichen. Der Rand der losen Scheibenhälfte ist zu einem trommelförmigen, luftdicht verschlossenen Gehäuse erweitert worden. Das Schema zeigt auch, wie dieses Gehäuse durch einen fest auf der Welle sitzenden Kolben in zwei Kammern geteilt wird, so daß eine Druckdifferenz zwischen den beiden Kammern das Gehäuse und damit die eine Riemenscheibenhälfte axial verschieben muß. Bei der wirklichen Variomatic ersetzt eine elastische Membrane den Kolben, und statt der Schraubenfeder verwendet man, wie schon erläutert, eine Tellerfeder; doch die hier gewählte Darstellung kann die Funktion des »Servomotors« vielleicht besser veranschaulichen. Wenn man auf eine Seite des Kolbens atmosphärische Luft und auf die andere den Saugrohr-Unterdruck wirken läßt, so kann man damit den Steuerprozeß des Fliehkraftreglers beeinflussen, und zwar entweder in unterstützendem oder in entgegenwirkendem Sinne.

Zwischen der Unterdruckseite des Kolbens im Servomotor und dem Saugrohr bestand ursprünglich eine direkte Leitungsverbindung, doch die Praxis ergab, daß man einen Unterdruckspeicher brauchte, der alle möglichen Druckschwankungen im Betrieb ausgleicht.

Das Funktionsschema 20.3 zeigt die prinzipielle Anordnung des Systems. Angelenkt an das Gasgestänge ist das Dreiwegeventil, und zwischen dem

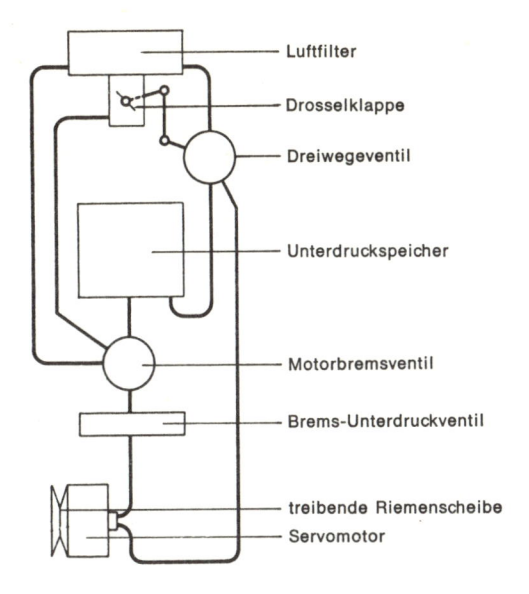

Abb. 20.3 Steuerung der Variomatic

Luftfilter des Motors, dem Unterdruckspeicher und der äußeren Kammer des Variomatic-Servomotors finden wir verbindende Rohrleitungen. Vom Unterdruckspeicher aus verläuft eine zweite Leitung zum Motorbremsventil, das von Hand gesteuert wird und mit Saugrohr, Luftfilter und Bremsservo-Ventil verbunden ist. Dieses letztere wird über das hydraulische Bremssystem betätigt und hat die Aufgabe, Saugrohr-Unterdruck in die innenliegende Kammer des Variomatic-Servomotors zu bringen — warum, werden wir später noch sehen.

Welche Rollen die einzelnen Elemente der Anlage spielen, zeigt sich am besten, wenn wir die folgenden fünf Phasen betrachten.

DROSSELKLAPPENÖFFNUNG GERING

Bei kleiner Drosselklappenöffnung steht das Dreiwegeventil so, daß die äußere Kammer des Servomotors über das Luftfilter mit atmosphärischem Druck verbunden ist. Gleichzeitig steht auch die innere Kammer unter Außendruck, und zwar über das Bremsservo-Ventil, das Motorbremsventil und das Luftfilter; somit wird die Riemenscheibenposition allein vom Fliehkraftregler und vom Riemenzug eingestellt.

DROSSELKLAPPENÖFFNUNG ZWISCHEN EINEM UND DREI VIERTELN

Während dieser Phase schließt das Dreiwegeventil die Leitung zum Luftfilter und verbindet die äußere Kammer des Servomotors mit dem Unterdruckspeicher. Die Druckdifferenz — normaler Luftdruck innen gegen Unterdruck außen — bewegt den Servomotor in Richtung auf die feste Riemenscheibe zu, unterstützt also die Wirkung des Fliehkraftreglers. Der Erfolg ist ein Hinaufschalten in der Übersetzung, das der relativ geringen Motorbelastung bei rascher Fahrt Rechnung trägt. Bei der Betrachtung der Axialbewegungen des Servomotors muß man daran denken, daß ja der Kolben still stehenbleibt.

DROSSELKLAPPE MEHR ALS DREI VIERTEL GEÖFFNET

Wenn man sich der Vollgasstellung nähert, schließt das Dreiwegeventil die Verbindung mit dem Speicher wieder und belüftet die äußere Kammer. Die Fliehkraftregelung ist erneut auf sich allein angewiesen, so daß ein Hinunterschalten in dem Moment eintritt, wo die Fahrgeschwindigkeit auf einen bestimmten Wert absinkt.

MOTORBREMSEN ODER FESTHALTEN EINES LANGSAMEN GANGES

Soweit bisher erklärt, tendiert die Steuerung dazu, bei Schubbetrieb und wenig Gas die Riemenscheibenhälften zusammenzuschieben, also im Sinne einer direkteren Übersetzung zu regeln. Damit wird jedoch die Motorbremswirkung recht bescheiden. Soll mit dem Motor stärker gebremst werden, so geschieht dies durch manuelle Betätigung eines Motorbremsventils (Abb. 20.3). Die innere Kammer des Servomotors erhält dadurch Saugrohr-Unterdruck, die äußere wird belüftet. Und nun ist infolge der weitgehend geschlossenen Drosselklappe die Druckdifferenz in beiden Kammern so groß, daß die resultierende Kraft dem Bestreben der Fliehgewichte entgegenwirkt und die Riemenscheiben auseinanderzieht (langsamerer Gang). Das Motorbremsventil wird vom Fahrer also immer dann zusätzlich betätigt, wenn er ein mechanisches Getriebe zur Bremsverstärkung, z. B. bei starkem Gefälle, hinunterschalten würde. Um den

Motor nicht zu überdrehen, darf diese Hilfe oberhalb 50 km/h nicht mehr benutzt werden.

HINUNTERSCHALTEN ÜBER DAS BREMSPEDAL

Schließlich wird durch eine Verbindung zum hydraulischen System der Fußbremse über ein Bremsservo-Ventil bei kräftigem Bremsen der gleiche Effekt erzielt wie gerade eben beschrieben, so daß auch in diesem Fall ein niedriger Gang mit entsprechender Motorbremswirkung zur Anwendung kommt.

Das hier erläuterte Steuersystem der DAF-Variomatic bedient sich in einfacher Weise einer Anzahl mechanischer und pneumatischer Bauelemente. Bei neueren Versionen ersetzt man die Regelmechanik durch elektrische Stromkreise und Magnetschalter, die in Raumbedarf, Montageaufwand und Service sehr günstig liegen. So einfach und gut zugänglich wie die Steuerung ist auch die Kraftübertragung selbst. Abgesehen davon, daß man nur von unten an die Variomatic-Einheit herankommt, sind Reparatur und Wartung, soweit erforderlich, nicht besonders schwierig auszuführen.

21. Borg-Warner-Automatik

Der in diesem Kapitel behandelte Aufbau des Borg-Warner-Automaten findet sich in den Modellen 35 und 65. Die beiden Typen unterscheiden sich vor allem bezüglich des Gehäuses, das beim Modell 65 kompakter ist und weniger vom Fahrgastraum beansprucht als beim Modell 35. Die Borg-Warner-Automatik baut man in eine ganze Reihe von Automodellen ein, und so werden denn auch von Fall zu Fall gewisse Unterschiede, z. B. an den Organen der Steuerung, sichtbar. Deshalb bezieht sich unsere Schilderung auf die einfachste Steuerungsvariante. Denn wenn man diese einmal verstanden hat, ist die Übertragung auf abweichende Systeme nicht mehr schwierig.

Die Einheit besteht aus einem vom Motor angetriebenen hydraulischen Wandler mit einer maximalen Drehmomentwandlung von normal 2:1 (zuweilen auch 2,3:1), dem ein dreigängiges Planetengetriebe mit Rückwärtsgang nachgeschaltet ist.

Der Wandler ist von der in Kapitel 16 beschriebenen Art, besitzt keine Überbrückungskupplung und treibt die Eingangswelle der in Abb. 21.1 dargestellten Kraftübertragung. Die vordere und die hintere Lamellenkupplung werden mit Drucköl betätigt, das je nach Baumuster von einer oder zwei Ölpumpen gefördert wird. Verwendet man, wie im Normalfall, nur eine einzige Pumpe, so ist diese vom Motor getrieben und fördert, wenn immer der Motor läuft. Ist eine zweite vorhanden, so liegt ihr Antrieb auf der Abtriebsseite des Getriebes, und bei höheren Fahrgeschwindigkeiten übernimmt die motorseitige Pumpe ihre Arbeit. Sie ist vorgesehen, um notfalls den Wagen anschleppen zu können, denn beim Schleppen mit stehendem Motor ist ja sonst von der Hauptpumpe kein Öldruck erhältlich, den man für die Betätigung von Kupplungen und Bandbremsen braucht. Ist dagegen eine zweite Pumpe nicht vorhanden, so muß man für das Abschleppen über längere Strecken besondere Vorkehrungen treffen, vor allem weil bei stehendem Motor kein Ölumlauf für die Schmierung des Getriebes zur Verfügung steht. Daher verlangt das längere Abschleppen von Automatikwagen zumeist entweder ein Abflanschen der Kardanwelle oder den Transport mit aufgebockter Hinterachse. Zumindest aber empfiehlt sich das zusätzliche Einfüllen von wenigstens zwei Litern Transmission Fluid ins Getriebe.

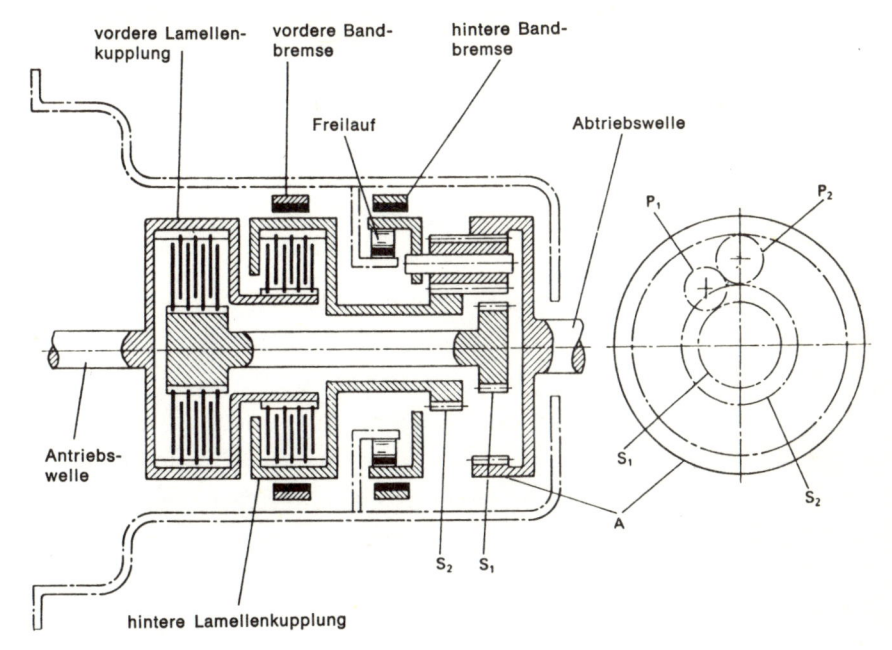

Abb. 21.1 Borg-Warner-Automatik

DER ERSTE GANG

Der Planetenradsatz (vgl. Abb. 21.1) enthält zwei Sonnenräder S_1 und S_2. S_1 wird von der vorderen Kupplung bedient und gibt den Antrieb weiter über die Doppelplaneten P_1 und P_2 an das Ringrad A. S_2 ist verbunden mit der hinteren Kupplung und treibt das Ringrad A nur über das Planetenrad P_2, das so lang ist, daß es von S_2 bis in das Ringrad hineinreicht.
Während normaler Fahrt im 1. Gang ist bei geschlossener vorderer Kupplung der Planetenträger als Reaktionsglied über einen Freilauf gegen das Gehäuse abgestützt. Zum Abschleppen oder Motorbremsen im Schub bremst man den Planetenträger vollständig fest, und zwar mit Hilfe der hinteren Bandbremse. In beiden Fällen haben wir es im 1. Gang mit einem regulären Stirntrieb zu tun, der gemäß der nachfolgenden Tafel eine Übersetzung von 2,39:1 ergibt.

	Plan.-träger	Ring-rad A	P_2	P_1	S_1
Zähnezahlen:	0	67	17	16	28
Anzahl Umdrehungen:	0	1	$+\dfrac{67}{17}$	$-\dfrac{67}{17} \times \dfrac{17}{16}$	$+\dfrac{67}{16} \times \dfrac{16}{28}$ $= 2,39$

Übersetzung: $\dfrac{S_1}{A} = 2,39 : 1$

DER ZWEITE GANG

Im zweiten Gang ist die vordere Kupplung weiterhin geschlossen, außerdem auch die vordere Bandbremse, wodurch S_1 angetrieben und S_2 festgehalten wird. Sonnenrad S_1 gibt seine Drehbewegung an die Planeten P_1 und P_2 weiter. Da S_2 feststeht, umkreisen es die Planeten und schleppen Ringrad A mit sich, und zwar mit einer Drehzahl, die sich ableiten läßt aus den beiden Komponenten Drehzahl und Umlaufgeschwindigkeit des Planeten P_2. Die folgende Tafel gibt Aufschluß über die Verhältnisse im 2. Gang:

	S_2 32	P_2 17	P_1 16	S_1 28	A 67
Zähnezahl:					
Planetenträger festhalten; eine positive Drehung an der Sonne S_2:	+1	$-\dfrac{32}{17}$	$+\dfrac{32}{17} \times \dfrac{17}{16}$	$-\dfrac{32}{16} \times \dfrac{16}{28}$ $= -1,143$	$-\dfrac{32}{17} \times \dfrac{17}{67}$ $= -0,48$
Das Ganze verblockt um eine Drehung zurückdrehen:	−1			−1	−1
Addition:	0			−2,143	−1,48

Übersetzung: $\dfrac{S_1}{A} = \dfrac{2,143}{1,48} = 1,45 : 1$

DER DIREKTE GANG

Werden sowohl die vordere als auch die hintere Lamellenkupplung geschlossen, so sind beide Sonnenräder mit der Eingangswelle gekoppelt. Der gegenseitige Eingriff der Sonnen- und Planetenräder resultiert in einer vollständigen Blockierung des Planetensatzes; er läuft als Block um und ergibt den direkten (dritten) Gang.

ÜBERBRÜCKUNG DER GANGSPRÜNGE

Die Tatsache, daß jede der mechanischen Getriebeübersetzungen durch die Charakteristik des hydraulischen Wandlers überlagert werden kann, bedeutet bei einer Wandlung von 2:1, daß die Kurbelwelle bis zu 4,78 Umdrehungen für jede Umdrehung der Kardanwelle ausführen kann. An einer starken Steigung mag dieses hohe Abtriebsmoment erforderlich sein; mit abnehmendem Leistungsbedarf geht jedoch die Turbinendrehzahl hinauf, und die Wandlung und mit ihr das Drehzahlverhältnis von Pumpe zu Turbine nimmt ab. Denn wie wir in Kapitel 16 und anhand der Abbildung 16.3 erläuterten, bringt ja eine Verminderung der Drehzahldifferenz im Wandler eine gleich große Verminderung der Drehmomentwandlung mit sich. Im Grenzfall, bei Wandlung 1:1, arbeitet also die Kraftübertragung im 1. Gang mit einer Übersetzung von 2,39:1. Schaltet das Getriebe in den 2. Gang mit 1,45:1 hinauf, so kehrt zunächst der Wandler in seine momentenerhöhende Funktion zurück, sofern der Lastzustand es verlangt, so daß man einen geschmeidigen Übergang von 2,39 auf 1,45 durchläuft. Genauso gleicht der Wandler beim Hochschalten in den 3. Gang den plötzlichen Sprung aus, soweit dies von den Fahrwiderständen her nützlich ist.

DER RÜCKWÄRTSGANG

Im Rückwärtsgang ist die hintere Kupplung geschlossen, und die hintere Bandbremse hält den Planetenträger fest. Nun bilden die Zahnräder einen einfachen Stirnradsatz ohne Planetenfunktion, jedoch unter Drehrichtungsumkehr. Die Übersetzung 2,09:1 errechnet sich wie in der folgenden Tafel:

	Plan.-träger	Ringrad	P_2	S_2
Zähnezahl:	0	67	17	32
Planetenträger festhalten und eine positive Drehung am Ringrad:	0	+1	$\frac{67}{17}$	$-\frac{67}{17} \times \frac{17}{32}$ $= -2,09$

Die Übersetzung beträgt 2,09:1 und der Wechsel im Vorzeichen gibt die Drehrichtungsumkehr an.

DIE STEUERUNG

Hätten wir ein halbautomatisches Getriebe vor uns, so könnte die Steuerung in einem simplen Verteilerventil bestehen, von dem das Drucköl an die Kupplungen und Bandbremsen nach Bedarf dirigiert würde. Da es sich aber um eine Vollautomatik handelt, wird das Steuersystem erheblich komplizierter. Wie eine der einfacheren Steuervarianten aussieht, zeigt das Schema in Abb. 21.2. Die meisten Ventile und die Leitungen, die sie mit den verschiedensten Bauteilen verbinden, sind in einem Steuergehäuse unterhalb des Getriebes vereinigt, ein Labyrinth, das nur bei seltenen Reparatur- oder Wartungsarbeiten einmal ans Licht kommt. In dem Schema haben wir zur Beschränkung auf das Wichtigste noch einiges weggelassen, nämlich die Bauteile, mit deren Hilfe man den Wagen wahlweise im 1. oder 2. Gang anfahren kann, ferner diejenigen, die dazu dienen, den 1. Gang festzuhalten, wenn das notwendig ist, und schließlich

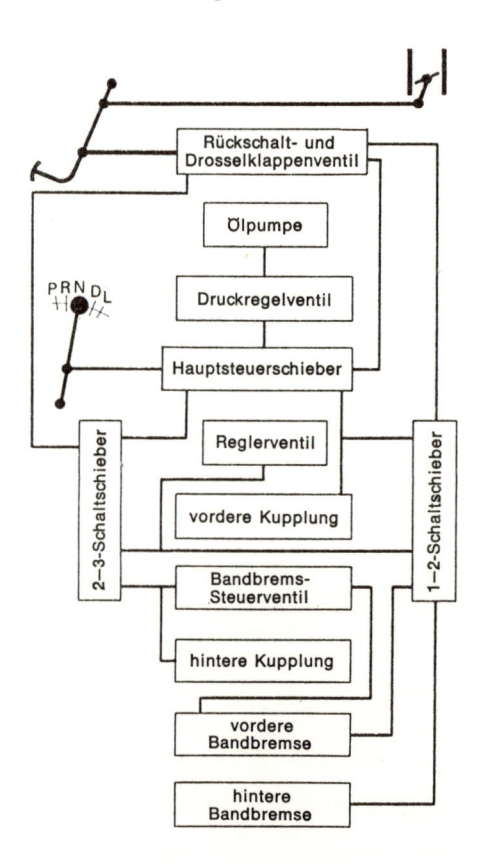

Abb. 21.2 Steuerkreise

die mechanisch arbeitende Parksperre. Nur solche Schaltkreise und Elemente sind in dem Schema dargestellt, die unbedingt nötig sind für die automatische Ansteuerung der Vorwärtsgänge und für die Betätigung des Rückwärtsganges.

Wenn man »R«, den Rückwärtsgang wählt, so leitet der Hauptsteuerschieber Öl von der Pumpe und vom Druckregelventil durch den 1–2-Schaltschieber zum hinteren Bandbremszylinder, der das Bremsband anlegt, und durch den 2–3-Schaltschieber zur hinteren Kupplung, die nun schließt. Diese Kombination sorgt für den weiter oben beschriebenen Rückwärtsgang-Eingriff.

Stellt man dagegen den Wählhebel auf »D«, die automatische Fahrposition (»Drive«), so löst man damit einen recht verzwickten Ablauf von Funktionen aus. Drucköl wird zur vorderen Kupplung, zum Reglerventil und zu beiden Schaltschiebern geleitet. Unmittelbar ausgelöst wird jedoch nur das Schließen der vorderen Kupplung, während die anderen Bauteile durch das Drucköl nur in Bereitschaft versetzt werden für die nachfolgenden Hinaufschaltungen. Denn allein die geschlossene Frontkupplung und der Freilauf sorgen ja dafür, daß der Wagen nun im 1. Gang anfahren kann, sobald der Wandler Drehmoment abgibt.

Das nachfolgende Schalten vom 1. zum 2. Gang ist abhängig vom Kräftespiel der wirkenden Öldrücke im Schaltschieber 1–2, wobei die Drücke von Gaspedalstellung und Fahrgeschwindigkeit bestimmt werden. Dabei ist die Gaspedalstellung maßgebend für einen Druck am Schaltschieber, dessen Wirkungsrichtung dem Aufwärtsschalten entgegengerichtet ist: Große Drosselklappenöffnung, also hohe Motorlast, ergibt höheren Druck als ein nur wenig getretenes Gaspedal. Bei hoher Motorbelastung wird also das Aufwärtsschalten verzögert, bei kleiner begünstigt. Ein von der Abtriebswelle angetriebener Fliehkraftregler setzt die Fahrgeschwindigkeit ebenfalls in Öldruck um, dessen Bestreben es jedoch ist, den Schaltschieber zum Aufwärtsschalten zu veranlassen: Mit zunehmendem Tempo des Wagens wächst der Zwang zum Hochschalten. Ist die Bilanz der beiden Drücke am Schieber derart, daß eine Hochschaltung angezeigt erscheint, verschiebt sich der Kolben im Schaltschieber, so daß nun Druck auf den vorderen Bandbremszylinder kommt. In Verbindung mit der bereits vorher geschlossenen vorderen Kupplung holt das Bremsband den 2. Gang.

In ähnlicher Weise bringt bei steigender Fahrgeschwindigkeit die richtige Druckkombination aus den Impulsen von Gaspedal und Fliehkraftregler den 2—3-Schaltschieber in Aktion, der nun die hintere Kupplung schließt und die vordere Bandbremse löst, so daß infolge der Gesperrewirkung der beiden Kupplungsstränge ein direkter Durchtrieb entsteht.

Während zum Hochschalten der maßgebende, weil überwiegende Druck vom Fliehkraftregler kommen muß, folgt das Hinunterschalten einem dominierenden Anteil von der Gaspedalseite her.

Am Wählhebel finden wir noch eine mit »L« gekennzeichnete Stellung, die im deutschen Sprachgebrauch mit »Langsam«, im Original aber mit »Low« oder »Lockup« definiert wird. Gemeint ist stets ein Zustand, in dem die automatische Steuerung überspielt wird und der 1. Gang so lange eingelegt bleibt, bis der Wählhebel aus dieser Stellung genommen wird. So etwas kann unter gewissen Fahrbedingungen wichtig sein: wenn man das Motor-Bremsmoment im starken Gefälle voll einsetzen muß, oder wenn man ein Hochschalten auf rutschigem Untergrund mit durchdrehenden Rädern und schnell laufender Kardanwelle vermeiden will. Läuft der Wagen gerade im direkten Gang, wenn »L« gewählt wird, so erfolgt eine Rückschaltung in den 2. Gang, und erst wenn das Tempo weit genug abgefallen ist, schaltet die Automatik in den 1. Gang. Diese Abwärtsschaltungen werden vom Hauptsteuerschieber eingeleitet, welcher Drucköl zuerst zum Abwärtsschalt-Ventil und von dort zu den Schaltschiebern 2—3 bzw. 1—2 leitet.

Die Stellung »L« kann man auch dazu benutzen, den 2. Gang nach einem Anfahrvorgang im ersten festzuhalten. Dazu legt man zuerst den Wählhebel in Position »D« und dann, sobald der Automat den 2. Gang schaltet, zurück in Position »L«. Die meisten Fahrer werden von diesem Trick freilich kaum jemals Gebrauch machen, denn sie haben ja ihre Automatik, um möglichst wenige Handgriffe tun zu müssen.

Schiebt man den Hebel auf »P«, so wird in die Verzahnung des Ringrades eine Sperrklinke eingelegt, wodurch eine vollständige Blockierung des Fahrzeuges beim Parken bewirkt wird. Das ist wichtig, weil das Einlegen eines kleinen Ganges zur Unterstützung (oder auch anstatt) der Handbremse, wie man es gern beim mechanischen Getriebe mit Reibungskupplung macht, bei der Automatik nicht funktioniert, denn über den stillstehenden Wandler läßt sich kein Kraftschluß zwischen Motor und Rädern herstellen.

Um ungewolltes Einschalten der Parksperre oder des Rückwärtsganges zu unterbinden, wird von Fall zu Fall der Wählhebel durch eine kräftige Feder gehemmt oder muß in einer Kulisse um die Ecke gelenkt werden.

Stets ist dafür gesorgt, daß der Fahrer willkürlich die Automatik überspielen kann, um einen niedrigeren Gang zu holen, wenn er überholen will oder irgend eine andere vorhersehbare Situation eine weniger direkte Übersetzung angezeigt erscheinen läßt. Dies kann, wie wir gesehen haben, über den Wählhebel in Position »L« geschehen, in der ein niedrigerer Gang festgehalten wird. Der Fahrer kann jedoch auch das Gaspedal voll bis zum Anschlag durchtreten, so daß die »Kickdown«-Einrichtung das Abwärtsschalt-Ventil beaufschlagt, Öldruck auf die Schaltschieber gibt und damit ein Hinunterschalten bewirkt.

Das hier erläuterte Bedienungssystem läßt dem Fahrer also die Wahl zwischen 5 Hebelpositionen, nämlich L, D, N, R, und P. Andere Systeme, die gleichfalls in Gebrauch sind, geben dem Mann am Wählhebel größere Freiheit in der Bestimmung des jeweiligen Fahrbereichs, innerhalb dessen die Automatik arbeiten soll.

Eines von ihnen besitzt zwei automatische »Drive«-Bereiche »D_1« und »D_2«. Hat man zum Anfahren aus dem Stillstand »D_1« gewählt, so schaltet der Automat die Gänge vom ersten zum dritten genauso durch wie bei den zuvor beschriebenen 5 Positionen. Ist dagegen »D_2« eingelegt, so fährt der Wagen im zweiten Gang an, und alle nachfolgenden automatischen Schaltungen können nur noch zwischen dem 2. und dem 3. Gang pendeln. Wozu das gut ist? Es gibt viele Fahrbedingungen mit geringer Belastung, bei denen man auf den 1. Gang verzichten kann, weil man über einen leistungsstarken Motor mit Drehmomentwandler verfügt. Das Fahren wird für die Insassen dabei komfortabler, und die niedrigeren Motordrehzahlen können zur Kraftstoffersparnis beitragen.

Bei einer anderen Bedienungsanordnung werden die 6 Stellungen P, R, N, D, 1 und 2 angeboten. Dabei verhalten sich P, R, N und D genau wie im zuerst genannten System mit 5 Positionen, wogegen die Stellungen »2« und »1« jeweils den entsprechenden Gang für dauernd festhalten. Wird »1« im Stand eingelegt, so fährt das Auto im 1. Gang an und bleibt darin, bis man den Wählhebel in die nächste Stellung schiebt. Ist dies »2«, so schaltet der Automat in den 2. Gang und bleibt dort wiederum so lange, bis etwas geschieht. Erst in »D« übernimmt die vollautomatische Steuerung und sorgt für die in jedem Augenblick angemessene Übersetzung. Wer also nacheinander »1«, »2« und »D« schaltet, hat damit den Automaten praktisch zu einem rein mechanischen Getriebe umfunktioniert, außer daß er natürlich keine Kupplung treten muß. Im übrigen wird durch besondere Vorkehrungen ein Hinunterschalten in den 1. Gang bei zu hohen Fahrgeschwindigkeiten verhindert.

Eine neuere Borg-Warner-Automatik, das Modell 45, wurde noch erheblich kompakter durch die Verwendung von Scheibenbremsen anstelle der Bandbremsen, und man gab ihm vier Fahrgänge, mit deren Hilfe die Fahranteile mit schlechtem Wandler-Wirkungsgrad weiter reduziert werden konnten.

22. General-Motors-Automatik

Viele Jahre lang besaß die von der GMC hergestellte Automatik namens »Powerglide« den gleichen Planetenradsatz wie das Borg-Warner-Aggregat nach Abbildung 21.1. In diesen Radsätzen geht der Antrieb auf eines der beiden Sonnenräder S_1 oder S_2, je nachdem, ob der 1., 2. oder der Rückwärtsgang in Betrieb ist, und auf beide Sonnenräder, wenn der Wagen im 3. Gang fährt. Als Abtrieb dient in allen Fällen das Ringrad A, das mit der Getriebeausgangswelle entweder ein Stück bildet oder fest verbunden ist.

Bei den jüngsten GMC-Automaten, wie sie z. B. in den Vauxhall-Modellen (GMC-England) Verwendung finden, benutzt man eine andere Räderanordnung, deren Planetenträger stets den Abtrieb bildet und auf der Ausgangswelle festsitzt. Abbildung 22.1 gibt einen Überblick über den mechanischen Aufbau. Die Eingangswelle wird von einem Drehmomentwandler angetrieben, dessen verschieden große Versionen bei Wandlungsverhältnissen um 2:1 liegen. Diese Multiplikation des Drehmoments bringt es mit sich, daß alle im folgenden erwähnten Zahnradübersetzungen für den Fahrbetrieb etwa zwischen ihrem einfachen und doppelten Wert wirksam werden können.

Der Automat besitzt drei hydraulisch betätigte Lamellenkupplungen und eine Servomotor-Bandbremse, um die Antriebskraft durch die verschiedenen Kanäle zu leiten und entsprechende Vorgänge auszulösen, die später zu erläutern sind. Drucköl für Kupplungen und Bandbremse fördert eine einzelne, motorgetriebene Ölpumpe, die alle Operationen bei laufendem Motor, jedoch kein Anschleppen des Wagens erlaubt.

MECHANISCHER AUFBAU

Wie Abb. 22.2 zeigt, kommt das Drehmoment von der Antriebswelle zum Sonnenrad S_1 über den in Zugrichtung starren Rollenfreilauf, der sich durch die Kupplung 3 (K 3) auch überbrücken läßt. Im 2. Gang verläuft der Antrieb durch K 2 zum Ringrad A. Die Rückwärtsgang-Kupplung K 1 hat

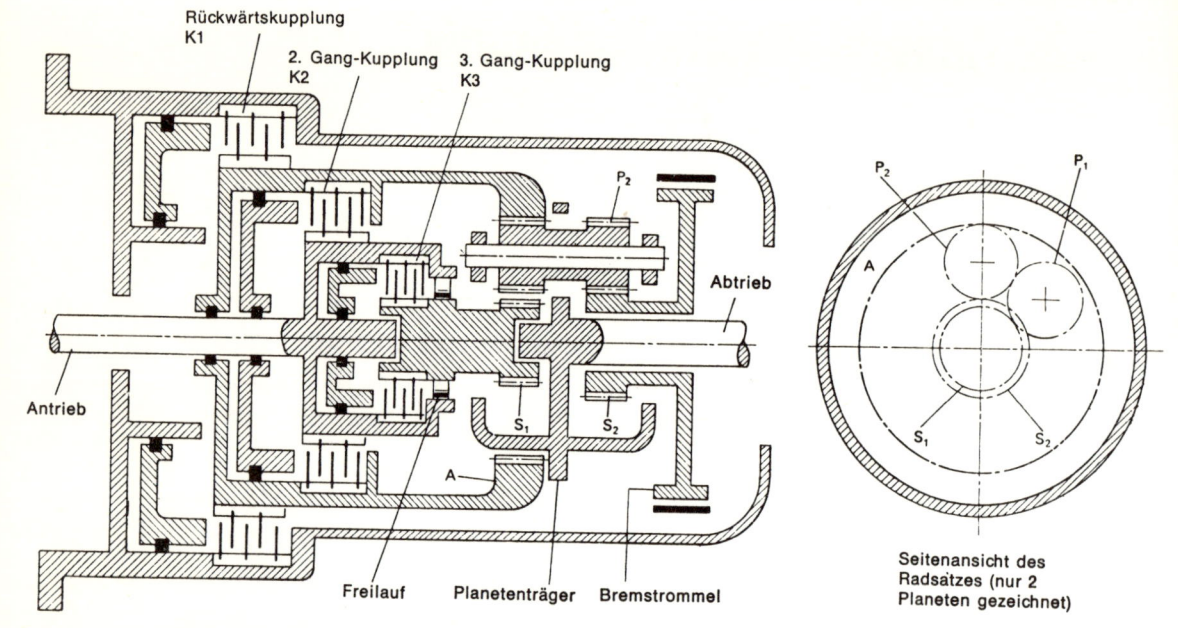

Abb. 22.1 Automatikgetriebe von General Motors

die Aufgabe, das Ringrad mit dem Gehäuse zu verblocken und das Reaktionsglied für den Rückwärtsgang zu schaffen. Wie man mit diesem Radsatz im einzelnen die drei Vorwärtsgänge und den Rückwärtsgang darstellt, werden wir später sehen.

Die Steuerung erfolgt hydraulisch, und wie bei Borg-Warner hat der Fahrer über einen Handhebel eine Anzahl Positionen zur Auswahl, um selbst die geeignete Übersetzung zu bestimmen oder sie vom Automaten wählen zu lassen. Die folgenden Absätze sollen veranschaulichen, was passiert, wenn der Wählhebel in die einzelnen Stellungen gelegt wird: P (Parksperre), R (Rückwärts), N (Neutral), D (Drive), J (Intermediate = 2. Gang) und L (Low = Langsam = 1. Gang).

NEUTRAL UND PARKSPERRE

In beiden Positionen sind weder Kupplungen noch Bandbremse in Tätigkeit. Bei laufendem Motor übernimmt der Freilauf die Übertragung des Antriebs und gibt ihn weiter an das Sonnenrad S_1, von wo ab alle Räder leer umlaufen. In Parkstellung greift eine Sperrklinke in einen der Einschnitte am Umfang des Parksperrenrades auf der Abtriebswelle und blockiert den ganzen Antriebsstrang.

ERSTER GANG BEI WÄHLHEBEL IN »D« (DRIVE)

Wird die D-Stellung bei stehendem Fahrzeug eingelegt, so besorgt die automatische Steuerung die Gangwechsel zu den Zeitpunkten, zu denen es die Verhältnisse gestatten. Die Bandbremse wird angelegt und hält das Sonnenrad S_2 fest, das jetzt Reaktionsglied wird. Von der Eingangswelle verläuft der Antrieb über den Freilauf zur Sonne S_1, deren Drehung die Planeten P_1 und P_2 antreibt. In welchen Drehrichtungen, erklärt die Abb. 22.2 (a). Der Planet P_2 ist so lang, daß er P_1 (in der Ebene der Sonne S_1) und S_2 miteinander verbindet, letzteres ein Sonnenrad, das mit der Trommel der Bandbremse fest verbunden ist. P_1 treibt also den Planeten P_2 und veranlaßt ihn, die festgebremste Sonne S_2 zu umkreisen und dabei den Planetenträger mitzunehmen, der gleichzeitig den Abtrieb bildet. Die hierfür errechnete Übersetzung des 1. Ganges beträgt 2,4 : 1, wie die folgende Tafel zeigt.

	S_2	P_2	P_1	S_1	Plan.-träger
Zähnezahl:	35	19	16	25	0
Planetenträger festhalten und eine positive Drehung an der Sonne S_2; Bewegungen der anderen Räder berechnen:	$+1$	$-\dfrac{35}{19}$	$+\dfrac{35}{19}\times\dfrac{19}{16}$	$-\dfrac{35}{16}\times\dfrac{16}{25}$	0
Das Ganze verblockt, eine Umdrehung (negativ) zurückdrehen:	-1			-1	-1
Arithmetisch addieren:	0			$-1-\dfrac{35}{25}$ $=-2,40$	-1

Übersetzung: $\dfrac{S_1}{C} = 2{,}40 : 1$

ERSTER GANG BEI WÄHLHEBEL in »L« (LOW)

In dieser Wählhebelstellung ist außer der Bandbremse auch K 3 geschlossen, um zusätzlich durch Sperren des Freilaufs Motorbremswirkung dort, wo sie nötig ist, verfügbar zu machen. Im übrigen ist die Arbeitsweise wie zuvor beschrieben, nur daß der 1. Gang so lange wirksam bleibt, bis der Wählhebel aus dieser Stellung genommen wird.

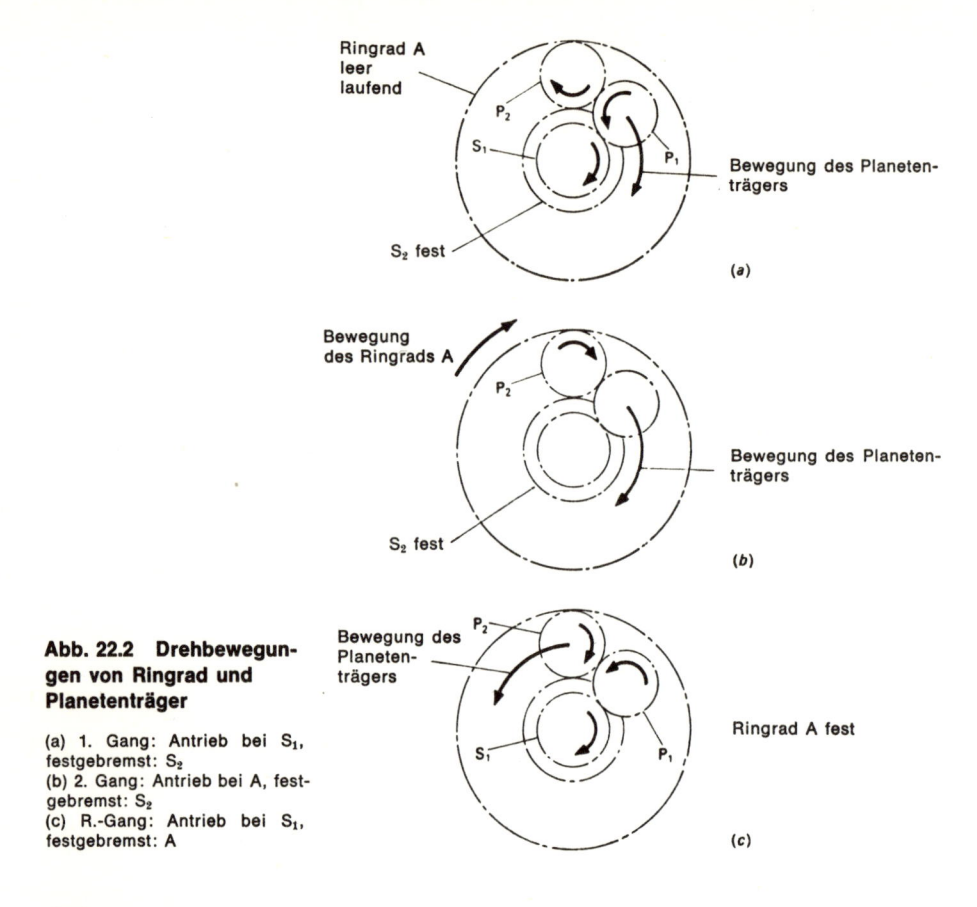

Abb. 22.2 Drehbewegungen von Ringrad und Planetenträger

(a) 1. Gang: Antrieb bei S_1, festgebremst: S_2
(b) 2. Gang: Antrieb bei A, festgebremst: S_2
(c) R.-Gang: Antrieb bei S_1, festgebremst: A

ZWEITER GANG

Wieder gibt es zwei mögliche Hebelstellungen, in denen der 2. Gang arbeitet: »D« mit automatischer Steuerung und »J« zum Halten des Ganges, wobei das Weiterschalten durch die Automatik verhindert wird. In beiden Fällen aber ist die zweite Kupplung K 2 geschlossen. Der Antrieb verläuft also durch Eingangswelle und K 2 zum Ringrad A. Da auch die Bandbremse geschlossen ist, steht S_2 als Reaktionsglied still. Das umlaufende Ringrad A versetzt den Planeten P_2 in Drehung, mit A gleichgerichtet. P_2 kreist um die stillstehende Sonne S_2, mit ihm der Planetenträger und ebenso die Abtriebswelle (in gleicher Drehrichtung). Dies illustriert Abb. 22.2

(b). Die Übersetzung im 2. Gang errechnet sich mit 1,48:1 nach folgendem Schema:

Zähnezahl:	S_2 35	P_2 19	A 73	Plan.-träger 0
Planetenträger festhalten; Sonne S_2 eine positive Umdrehung verdrehen:	+1	$-\frac{35}{19}$	$-\frac{35}{19} \times \frac{19}{73}$	0
Das Ganze verblockt in negativer Richtung einmal zurückdrehen:	−1		−1	−1
Addieren:	0		$-1 - \frac{35}{73}$ $= -1{,}48$	−1

Übersetzung: $\frac{A}{C} = 1{,}48:1$

DRITTER ODER DIREKTER GANG

Wenn die Fahrbedingungen es gestatten, schaltet die automatische Steuerung den 3. Gang, indem sie K 3 schließt, von der S_1 und P_1 angetrieben werden, und gleichzeitig K 2 betätigt, die ihrerseits das Ringrad A mit der Eingangswelle verbindet. Damit laufen S_1 und A mit gleicher Drehzahl im gleichen Drehsinn um. Ringrad A möchte P_2 mit 73/19 = 3,84facher Eingangsdrehzahl antreiben, während Sonne S_1 den anderen Planeten P_1 mit 24/16 = 1,5facher Eingangsdrehzahl treiben müßte. Da P_1 und P_2 mit einander kämmen und 19/16 Zähne haben, wäre eine Rotation um ihre eigenen Achsen nur in dem einzigen Sonderfall möglich, wo das eingeleitete Drehzahlverhältnis wie 19/16 wäre. Es beträgt aber 3,84/1,5, und so liegt hier ein typisches Zahnrädergesperre vor: Der ganze Radsatz ist in sich verblockt, so daß der Planetenträger als Abtriebselement die gleiche Drehzahl hat wie die Antriebswelle.

RÜCKWÄRTSGANG

Die Hebelstellung »R« veranlaßt, daß Drucköl auf K 1 und K 3 geleitet wird. K 1 verblockt das Ringrad A mit dem Gehäuse und sorgt so für die Abstützung, während der Kraftfluß von der Eingangswelle durch K 3 zur Sonne S_1 verläuft. Im Planetensatz treibt S_1 die Planeten P_1 und P_2 in der in Abb.

22.2 (c) angedeuteten Weise. P_2 kann innerhalb des stillstehenden Ringrades A nur in entgegengesetztem Drehsinn zur Eingangswelle umlaufen. Damit sind auch der Planetenträger und mit ihm die Abtriebswelle zum Rückwärtslauf gezwungen, und zwar mit einer Übersetzung von 1,92 : 1 gemäß nachfolgender Rechnung.

Zähnezahl:	A 73	P_2 19	P_1 16	S_1 25	Plan.-träger 0
Planetenträger festhalten und eine positive Drehung am Ringrad A:	+1	$+\dfrac{73}{19}$	$-\dfrac{73}{19} \times \dfrac{19}{16}$	$+\dfrac{73}{16} \times \dfrac{16}{25}$	0
Rückdrehung, verblockt:	−1			−1	−1
Addition:	0			$\dfrac{73}{25} - 1$ $= 2,92 - 1$	−1

Übersetzung: $\dfrac{S_1}{C} = -1,92 : 1$ (negatives Vorzeichen = Rücklauf)

DIE STEUERUNG

Bei diesem automatischen Getriebe ist die Steuerung im Prinzip mit der in Kapitel 21 erläuterten verwandt. Die Kupplungen und die Bandbremse werden von Drucköl betätigt, dessen Druck vom Fliehkraftregler und vom Saugrohr-Unterdruck, d. h. von der Fahrgeschwindigkeit und dem Lastzustand des Motors mitbestimmt wird. Ein vereinfachtes Aufbauschema der Steuerkreise zeigt Abb. 22.3. Auch hierin haben wir zum besseren Verständnis eine Reihe von Ventilen, Leitungen und Handansteuerungen weggelassen. Diesbezügliche Einzelheiten sind am ehesten den Druckschriften des Herstellerwerkes zu entnehmen.

Das Steuerventil am Handwählhebel, der Hauptsteuerschieber, läßt in den Stellungen P und N kein Drucköl zu den dahinterliegenden Bauelementen fließen. Bei L (1. Gang) und J (2. Gang) leitet es hingegen Öl zu den entsprechenden Kupplungen. Dann ist der jeweilige Gang geschaltet und bleibt es auch, bis der Wählhebel weitergeschoben wird. In Stellung D (Drive) führt das Steuerventil Drucköl zum Fliehkraftregler und zum 1—2-Schaltschieber zur Vorbereitung der weiteren Schritte und gleichzeitig zum Zylinder der Bandbremse, die sofort schließt und S_2 festbremst. Die Art

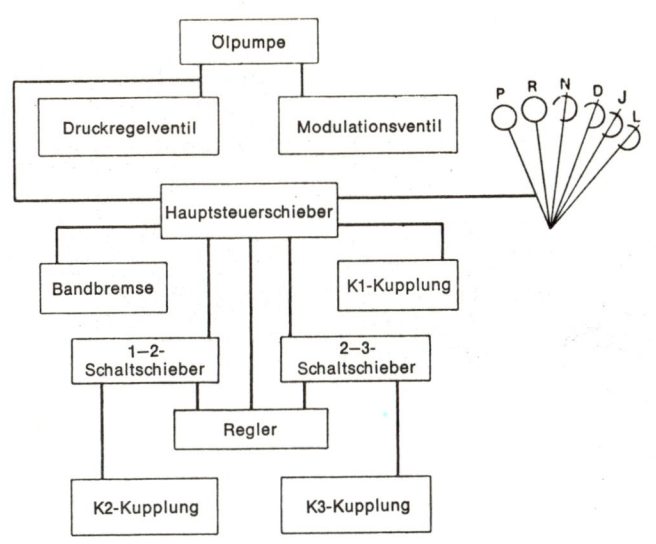

Abb. 22.3 Steuersystem

und Weise, in der der 1. Gang durch Anlegen der Bandbremse in Verbindung mit dem Rollenfreilauf zur Wirkung kommt, wurde bereits erklärt.

Im Regelkreis zum 1–2-Schaltschieber wirkt sich das freie Spiel der Kräfte aus, die vom modulierten Pumpendruck in Abhängigkeit von den Regelgrößen Saugrohr-Unterdruck und Reglerdrehzahl bestimmt werden. Entsprechen die Eingaben (Motorlast und Fahrtempo) den Vorgabedaten, so öffnet der 1–2-Schieber den Durchlaß, und das Öl strömt zur K 2 und schließt sie. Sobald sie die Kraftübertragung übernimmt, wird — mit dem weiterhin festgebremsten Sonnenrad S_2 als Standverzahnung — über Ringrad und Planeten der Freilauf überrollt. Der 2. Gang ist geschaltet.

Im gleichen Augenblick, da der 1–2-Schieber die K 2 aktiviert, wird zur Vorbereitung der nächsten Hinaufschaltung Drucköl auf den 2–3-Schieber gegeben. Diese Schaltung wird, wie uns nun schon geläufig ist, dann vollzogen, wenn die Stellkraft aus dem Reglerdruck den modulierten Pumpendruck überwiegt. Andererseits schaltet die Automatik hinunter, wenn im Kräftespiel zwischen diesen beiden Drücken der Pumpendruck dominiert, weil nämlich das Tempo absinkt und der Motor höhere Last zu verdauen hat.

Wählt man R (Rückwärts), so wird das Drucköl einmal direkt zur K 1 und zum zweiten über einen R–1-Schaltschieber zur K 3 geleitet, die eingreifen muß, um die Antriebskraft zum Eingangs-Sonnenrad S_1 zu übertragen, während der K 1 die Aufgabe zufällt, Ringrad A als Abstützelement am Gehäuse festzubremsen.

Der Fahrer kann die automatische Steuerung überspielen, um einen niedrigeren Gang zu schalten, wobei er aber das Fahrtempo beachten muß. Volles Durchtreten des Gaspedals (Kickdown) schließt einen Schaltkontakt, der seinerseits ein Magnetventil öffnet. Dieses ist im Steuerkreis so angeordnet, daß es im geöffneten Zustand Drucköl an die Schaltschieber führt und damit bei passendem Tempo für Abwärtsschaltungen sorgt.

23. Automatik für Quermotor: Kegelradautomat der BLMC

Die in Abb. 23.1 dargestellte Kraftübertragung kann als praktisches Anwendungsbeispiel für einen Kegelrad-Planetensatz nach Abschnitt 11 betrachtet werden. Mit einem außerordentlich kompakten Aufbau liefert dieses Getriebe vier Vorwärtsgänge und einen Rückwärtsgang. Die englische Firma Automotive Products und die British Leyland Motor Corporation haben es gemeinsam, zuerst als Automatik für den BLMC-Mini, eingeführt, um es bald darauf in verstärkter Ausführung auch für andere Modelle mit querliegendem Frontmotor verfügbar zu machen. Eine im Prinzip ähnliche Version wurde anschließend für Wagen mit konventioneller Anordnung — Frontmotor/Hinterradantrieb — entwickelt. Wir befassen uns mit ihr im Kapitel 24.

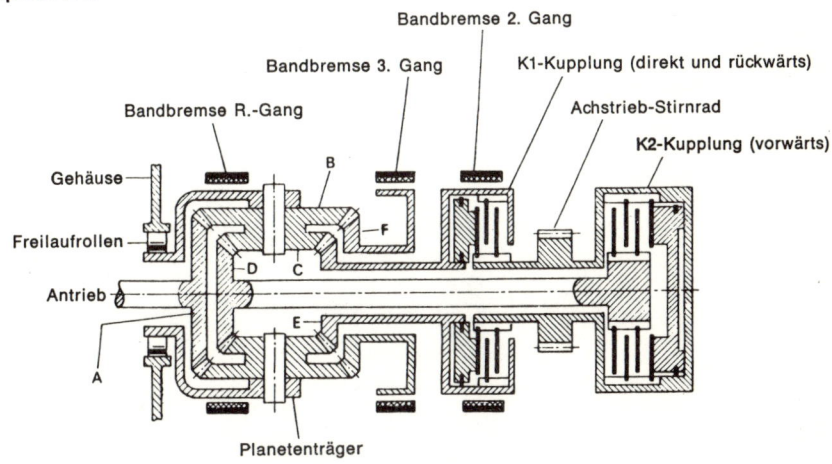

Abb. 23.1 Kegelrad-Automatik für BLMC-Quermotorfahrzeuge

Die Kraft verläuft vom Motor über einen Drehmomentwandler und eine Stirnradübersetzung, also von der Kurbelwellenebene zum darunter liegenden Getriebetrakt. Die Stirnräder haben wir aus der Darstellung herausgelassen, um den wichtigeren Teil des Antriebs deutlicher zeigen zu können, nämlich die Kegelräder, Wellen, Kupplungen und Bandbremsen.

Zuerst werden wir uns den mechanischen Teil dieser Kraftübertragung ansehen und dann erst die Steuerung untersuchen.

MECHANISCHER AUFBAU

Der Kraftfluß erreicht den Planetensatz über das fest auf der Antriebswelle montierte Kegelrad A zum Kegelrad B, dessen Lagerzapfen einen Teil des Planetenträgers bildet. Fest verbunden mit den beiden Rädern B sind im Innern des Radsatzes die kleineren Kegelräder C, die wiederum mit Gegenrädern D und E kämmen. D treibt eine Vollwelle, die durch das hohle Abtriebsritzel hindurchführt und mit diesem über die Vorwärtskupplung (K 2) bei jeglicher Vorwärtsfahrt verbunden sein muß. E dagegen sitzt auf einer Hohlwelle, welche die 4./R-Gang-Kupplung (K 1) trägt, die wir später noch behandeln werden. Außerdem können drei Bandbremsen angelegt werden, je nach dem, ob der zweite, dritte oder Rückwärtsgang geschaltet werden soll. Der Planetenträger stützt sich über einen Rollenfreilauf am Gehäuse ab. Dieser Freilauf, der nur im 1. Gang arbeitet, soll den Motor vor Überdrehzahlen schützen, falls einmal bei zu hohem Tempo in den 1.

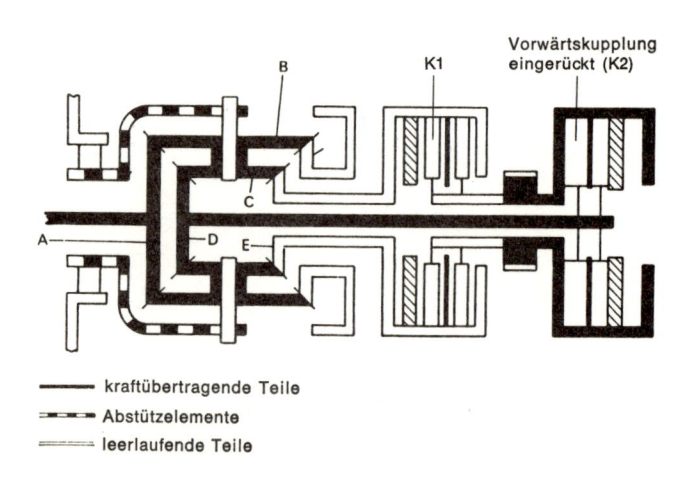

Abb. 23.2 Erster Gang: Vorwärtskupplung eingerückt

―― kraftübertragende Teile
╍╍╍ Abstützelemente
═══ leerlaufende Teile

Gang zurückgeschaltet wird. Im folgenden wollen wir ergründen, durch welche Kombinationen von Kupplungen, Bandbremsen und Rädern die Kraft in den vier Vorwärtsgängen und dem Rückwärtsgang übertragen wird.

DER ERSTE GANG (Abb. 23.2)

Für den 1. Gang wird K 2 hydraulisch eingerückt. Die Kraft verläuft von A nach B/C. Wegen des Widerstandes am Abtriebsritzel versucht das vom Kegelrad C auf das Gegenrad D ausgeübte Drehmoment sowohl D vorwärts als auch den Planetenträger rückwärts zu drehen. Doch da der Freilauf in dieser Richtung blockiert, wirkt er als Abstützung, und das treibende Moment geht über D in die nach hinten führende Vollwelle und durch die geschlossene K 2 auf das Abtriebsritzel. Kegelräder F und E haben im 1. Gang nur leer mitzulaufen, und zwar entgegengesetzt zu A und D.

ÜBERSETZUNG IM 1. GANG

Da der Planetenträger stillsteht, gibt es keine spezifische Planetenbewegung. Haben A und D jeweils 29 Zähne, B 35 und C 13 Zähne, so errechnet sich die Übersetzung wie bei einem Stirnradsatz mit

$$\frac{\text{Eingang}}{\text{Ausgang}} = \frac{29}{13} \times \frac{35}{29} = 2{,}693 : 1$$

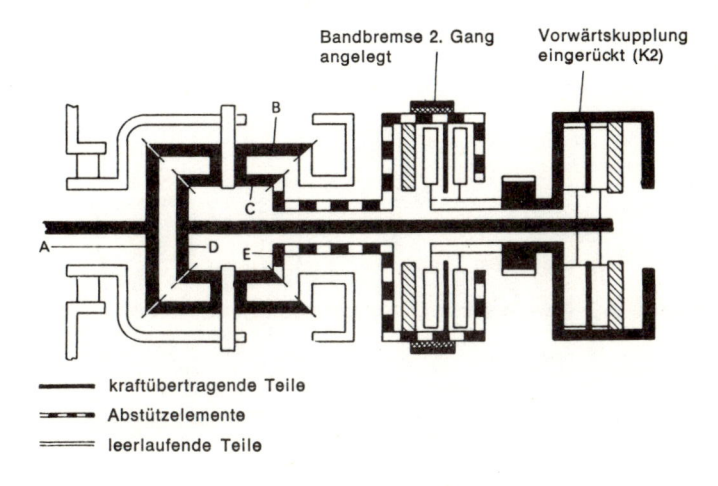

Abb. 23.3 Zweiter Gang: Vorwärtskupplung eingerückt, Bandbremse 2. Gang angelegt

DER ZWEITE GANG (Abb. 23.3)

Um den 2. Gang zu schalten, bleibt K 2 eingerückt und die Bandbremse für den 2. Gang wird hydraulisch angelegt. Kegelrad E wird also festgebremst und zum Abstützglied. Die Kraft kommt bei A herein und geht an das Doppelkegelrad B/C. Da E stillsteht, muß C drumherum kreisen und dabei Kegelrad D zu einer Drehzahl zwingen, die abhängig ist von der Drehbewegung des Rades C um seine eigene und — mit dem Planetenträger — zusätzlich noch um dessen Drehachse. Das ergibt einen echten Planetentrieb, dessen Übersetzung aus folgender Tabelle hervorgeht:

Zähnezahl:	E 29	C B 13 35	A 29	D 29	Plan.-träger 0
Planetenträger festhalten und Kegelrad E eine Drehung positiv geben:	+1	$\frac{29}{13}$	$-\frac{29}{13} \times \frac{35}{29}$	-1	0
Das Ganze einmal rückwärts drehen:	-1		-1	-1	
Addieren:	0		$-\frac{35}{13} - 1$	-2	

$$\text{Übersetzung:} \quad \frac{\text{Eingang A}}{\text{Ausgang D}} = \frac{35/13 + 1}{2} = 1{,}846 : 1$$

DER DRITTE GANG (Abb. 23.4)

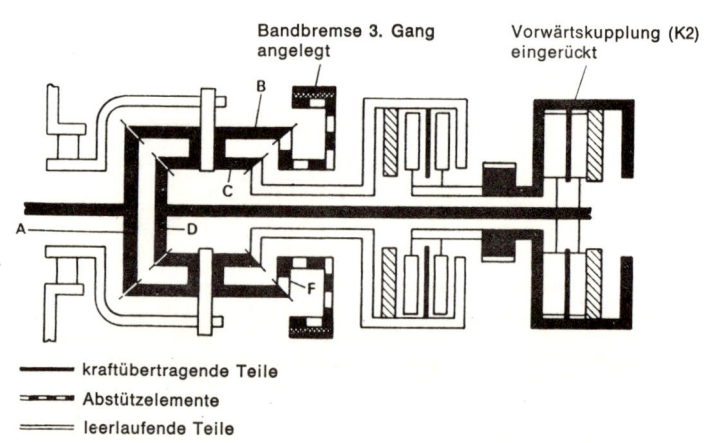

Abb. 23.4 Dritter Gang: Vorwärtskupplung eingerückt, Bandbremse 3. Gang angelegt

— kraftübertragende Teile
═══ Abstützelemente
═══ leerlaufende Teile

Jetzt wird Kegelrad F das Abstützglied, weil die Bandbremse für den 3. Gang angelegt ist, während weiterhin K 2 am Ende des Getriebes geschlossen bleibt. Genau wie im 2. Gang muß das Doppelkegelrad um das stillstehende Abstützelement kreisen, nur daß diese Rolle jetzt dem Radpaar B–F zufällt. Daher zwingt auch in diesem Fall das Rad C sein Gegenrad D zu einer Drehbewegung, die nunmehr abhängig ist von der Eigendrehung von B plus dem Umlauf des Planetenträgers. Wieder liegt eine reguläre Planetenbewegung vor, und wir berechnen die Übersetzung:

	F	B	C	D	A	Plan.-träger
Zähnezahl:	29	35	13	29	29	0
Planetenträger festhalten und Kegelrad F eine positive Drehung geben:	+1	$\frac{29}{35}$	$\frac{29}{35}$	$-\frac{29}{35} \times \frac{13}{29}$	-1	0
Das Ganze eine Umdrehung negativ (rückwärts) verdrehen:	-1			-1	-1	-1
Addieren:	0			$-\frac{13}{35}-1$	-2	

$$\text{Übersetzung: } \frac{\text{Eingang A}}{\text{Ausgang D}} = \frac{-2}{-13/35 - 1} = \frac{-2}{-48/35} = 1,458:1$$

DER VIERTE GANG (Abb. 23.5)

Den 4. Gang erhält man als direkten Durchtrieb, indem man K 1 und K 2 einrückt, so daß sie über die Abtriebs-Hohlwelle miteinander verbunden sind. Das Eingangsmoment kommt von A zu B, doch Rad B kann sich nicht um seine eigene Achse drehen, weil in diesem Fall die Kontrahenten E und D einander entgegen laufen müßten, was sie aber wegen der direkten

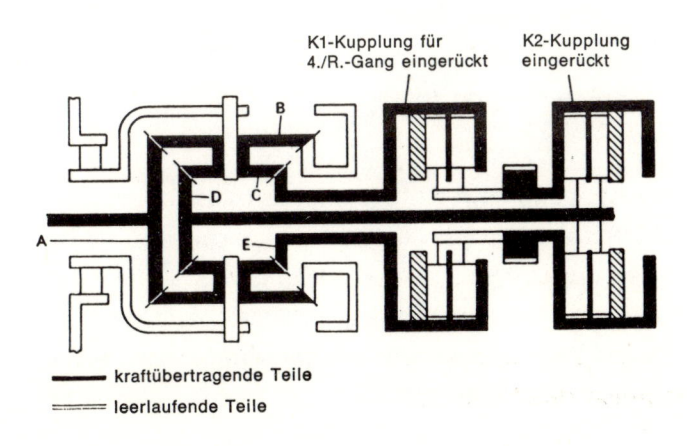

Abb. 23.5 Vierter Gang (direkt): Beide Kupplungen eingerückt

K1-Kupplung für 4./R.-Gang eingerückt
K2-Kupplung eingerückt

— kraftübertragende Teile
===== leerlaufende Teile

Koppelung ihrer angewachsenen Wellen nicht können. Das Zahnradgesperre ist also wieder einmal komplett, der Radsatz läuft als geschlossener Block um, Ein- und Ausgang drehen sich im Verhältnis 1:1.

DER RÜCKWÄRTSGANG (Abb. 23.6)

Um ihn zu schalten, muß die Bandbremse für Rücklauf angelegt und die Kupplung K 1 eingerückt sein. Der Planetenträger steht als Abstützglied still, und wie im 1. Gang verzichtet der Radsatz auf den Planeteneffekt. Die Bandbremse muß übrigens benutzt werden, weil der Freilauf in dieser Drehrichtung nicht sperrt. Statt wie im 1. Gang das Rad D wird nun das ihm entgegengesetzt rotierende Rad E eingesetzt, und man erhält über die ihm angegliederte K 1 ein rückwärts drehendes Abtriebsritzel. Aus der Symmetrie des Kegelradsystems ergibt sich die Gleichheit von D und E, und so sind auch die Übersetzungen des ersten und des Rückwärtsganges gleich groß.

Die Berechnungen in den vorstehenden Absätzen bezogen sich allein auf den Getrieberadsatz, während vor und hinter diesem noch je ein Stirnrad-

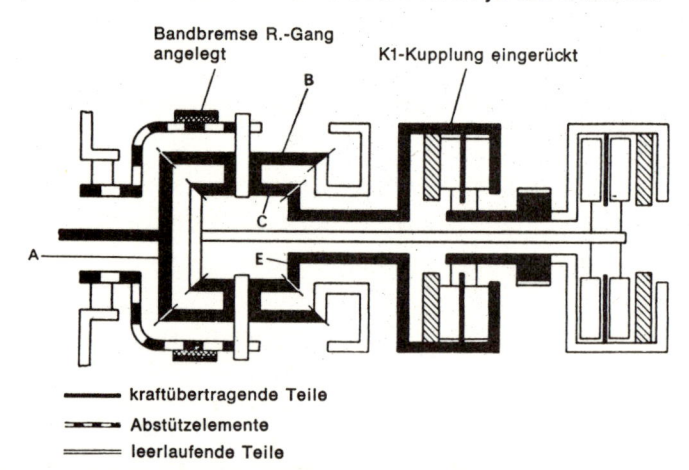

Abb. 23.6 Rückwärtsgang: K1-Kupplung eingerückt, Bandbremse R.-Gang angelegt

— kraftübertragende Teile
=▶= Abstützelemente
= leerlaufende Teile

paar zu berücksichtigen ist, wenn man die gesamte Antriebsübersetzung (abgesehen von der hydraulischen des Wandlers) errechnen will. Der Wandler allein multipliziert das Drehmoment mit maximal 2,3 :1. Nutzt man diese Möglichkeit voll aus, so bietet sich eine beachtliche Überdeckung in den vier Gängen. Doch das Vierganggetriebe soll ja gerade dazu beitragen, den Arbeitsbereich des Wandlers auf ein so schmales Feld zu beschränken, daß er sich immer in der Nähe seines günstigsten Wirkungsgrades bewegt.

Es sei vermerkt, daß die jeweils in den verschiedenen Gängen leerlaufenden Getriebeteile relativ hohe Drehzahlen annehmen können, und obgleich sie dann keine Last zu bewältigen haben, kann ihre rasche Rotation zu unerwünscht hohen Lagerdrehzahlen und leistungsverzehrender Ölverquirlung führen.

Dieses und das im nächsten Kapitel beschriebene, ganz ähnliche Getriebe sind für automatische Schaltvorgänge bestimmt, doch wird es dem Fahrer überlassen, bei Bedarf auch einzelne Gänge manuell zu wählen und zu halten.

DIE STEUERUNG

Wie wir erwähnten, werden die Gänge durch das Betätigen von Kupplungen und Bandbremsen geschaltet. Die hierfür erforderliche Energie stammt aus dem Drucköl, das die Ölpumpe des Motors liefert. Sie ist so groß bemessen, daß sie diese Ölmengen neben ihrer ursprünglichen Aufgabe, Motor, Wandler und Getriebe mit Schmieröl zu versorgen, bereitstellen kann. Um sicherzustellen, daß jedes Aggregat das Öl mit dem individuell nötigen Druck erhält, sind ein federbelastetes Druckregel- und ein Überdruckventil in den Systemkreis eingebaut. Einwandfreies Arbeiten dieser und anderer Einrichtungen erfordert sehr enge Passungen an den Bausteinen des Ölkreislaufs, weshalb wiederum eine sorgfältige Filterung vonnöten war.

Kupplungen und Bremsbänder werden von hydraulisch bewegten Kolben angedrückt, wobei die K 1 sogar noch einen zweiten, hier nicht dargestellten Kolben für den Rückwärtsgang einsetzt, um die dann bis zu sehr hohen Werten ansteigenden Drehmomente schlupffrei übertragen zu können.

Das Getriebe besitzt eine manuelle und eine automatische Steuerung. Von Hand kann der Fahrer mit dem Wählhebel über einen Kabelzug einen Steuerschieber betätigen, von dem aus das Drucköl an die einzelnen Kupplungen und Bandbremsen geleitet wird. Die früheren Ausführungen dieser Automatik besaßen 7 Wählhebelstellungen für R, N, 1, 2, 3, 4 und D. Das entsprach einer reinen Handbedienung, wenn man irgendeine der ersten sechs Positionen wählte, weil diese Stellungen den Gang unerbittlich festhielten, bis man den Hebel weiterschob. Neuere Modelle haben den Haltepunkt »4« entfallen lassen: Den obersten Gang braucht man kaum jemals extra festzuhalten. Einst und jetzt aber tritt die automatische Steuerung nur beim Wählen der Position »D« in Aktion.

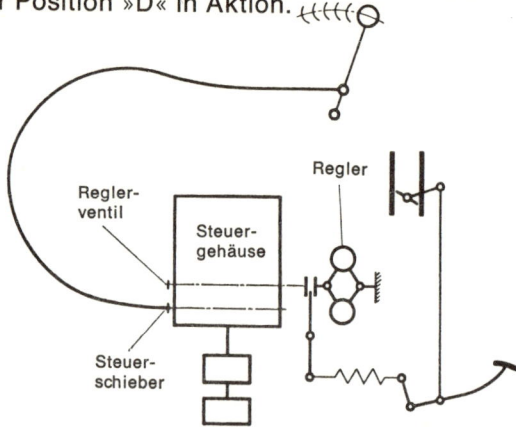

Abb. 23.7 Steuerung

Eine schematische Darstellung des Steuerungssystems mit den Baugruppen außerhalb des Schieberkastens zeigt Abb. 23.7. Ist Stellung »D« geschaltet, so leitet der dem Wählhebel zugeordnete Steuerschieber Drucköl zum Reglerventil, dessen Stellung für die zu aktivierenden Bauteile des Getriebes maßgebend ist. Der mechanische Fliehkraftregler wird von der Getriebeausgangswelle angetrieben, also abhängig von der Fahrgeschwindigkeit, und sein Ausschlag bestimmt die Stellung des Kolbens im Reglerventil. Die Funktion des Fliehkraftreglers wird überlagert von der Steuerbewegung des Gaspedals, so daß außer dem Fahrtempo – wie üblich – auch die Motorbelastung als Einflußgröße auftritt. So ergibt sich die Stellung des Schiebers aus dem Kräftespiel zwischen den Fliehgewichten und einer Feder im Gasgestänge. Wird das Pedal bis zum Anschlag niedergedrückt, so überbrückt dies die Feder im Gestänge, und der Regelkolben wird in eine Stellung verschoben, die ein sofortiges Hinabschalten zur Folge hat.

Daneben kann die automatische Steuerung jederzeit durch das Eingreifen des Fahrers und die Wahl der einem gewünschten Gang entsprechenden Schieberstellung umgangen werden. Danach kann man nach Bedarf weitere Handschaltungen ausführen, oder wieder auf Position «D» die Automatik eingreifen lassen.

ANSCHLEPPEN DES WAGENS

Eine kleine Ölpumpe auf der Abtriebsseite sorgt beim Schleppen für genügend Drucköl, um bei niedrigem Tempo Kupplungen und Bandbremsen betätigen zu können. Sobald der Motor läuft, wird diese Hilfspumpe durch entsprechende Einrichtungen im Betriebssystem abgetrennt und läuft von nun an mit minimaler Leistungsaufnahme leer mit.

DIE HYDRAULIKFLÜSSIGKEIT

Das umlaufende Öl in jeder automatischen Kraftübertragung muß eine Vielzahl harter und oft widersprüchlicher Anforderungen erfüllen. Normalerweise verwendet man Öl, um aufeinander reibende Oberflächen zu trennen, die Reibung und den Verschleiß zu vermindern und die durch Reibung entstehende Wärme rasch abzuführen. Es leuchtet andererseits ein, daß Lamellenkupplungen und Bandbremsen ihre Aufgaben nur dann erfüllen können, wenn unter bestimmten Umständen das Öl von den Arbeitsflächen abgestreift oder verdrängt wird, damit sie aneinander reiben können. Der Übergang vom Gleiten zum Fassen muß klar bestimmbar und doch ruckfrei verlaufen: Das kann man nur mit sorgfältig abgestimmten Reibwerkstoffen und Ölen erfüllen, die über der Temperatur ein ganz bestimmtes Reibverhalten aufweisen. Auch sind manche Automaten und ihre Öle für mit der Relativgeschwindigkeit abnehmende Reibwerte, andere wieder für das umgekehrte Verhalten konstruiert. Ganz offensichtlich kann also ein falsches Getriebeöl im Automaten sehr ungünstige Auswirkungen haben.

Das hier besprochene Antriebskonzept aber wurde bemerkenswerterweise von Anbeginn für die Verwendung eines gemeinsamen Öles im Motor, im Wandler und im Getriebe entwickelt. Das ist eine große Ausnahme; denn allgemein ist Motorenöl für die Befüllung anderer Automaten höchst ungeeignet.

Als man dazu überging, diese Getriebekonstruktion auch für andere Marken und Modelle passend zu machen, nutzte man die Gelegenheit, eine Reihe konstruktiver Änderungen einfließen zu lassen. Ein solcher Anwendungsfall ist Gegenstand unseres nächsten Kapitels.

24. Die Kegelradautomatik für konventionelle Antriebskonzepte

MECHANISCHER AUFBAU

Die Kombination des Kegelradautomaten der BLMC mit längsgestellten Antriebsaggregaten kam im Anschluß an die erfolgreichen Fronttriebler mit Quermotor. An ihre automatische Kraftübertragung erinnert der Nachfolger noch stark, unterscheidet sich jedoch in einigen praktischen Details. So zeigt Abb. 24.1 auf den ersten Blick, daß hier die Kupplungen in Kraftflußrichtung vor dem Kegelradsatz liegen, wo sie höchstens das vom Wandler abgegebene Moment zu übertragen haben. Im »Quergetriebe«, wo die Kupplungen nachgeschaltet waren, mußten sie hingegen die mit dem Gangsprung multiplizierten Drehmomente verkraften. Diese Änderung erlaubt es, entweder kleinere Kupplungen für ein gleich großes Moment, oder ein Getriebe für höhere Drehmomente bei gleicher Kupplungsgröße zu verwenden.

Beim Anblick dieses Getriebeaufbaus fällt auf, daß hier der Antrieb vom inneren Kegelradpaar erfolgt. Um Irrtümer durch Verwechslungen zwi-

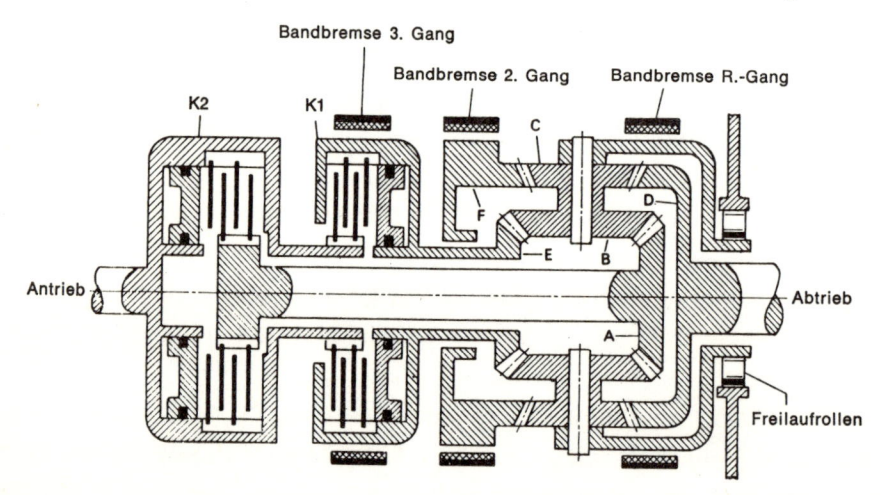

Abb. 24.1 Kegelrad-Automatik für konventionelle Antriebsanordnung (Motor vorn, Hinterradantrieb)

schen den beiden ähnlichen Modellen zu vermeiden, haben wir die Teile mit gleicher Funktion in den Abbildungen 23.1 und 24.1 auch mit gleichen Symbolen versehen.

Obwohl die beiden Systeme unterschiedliche Übersetzungen haben, verzichten wir auf eine Wiederholung der Berechnung, weil sich im Prinzip keine Unterschiede ergeben.

DER ERSTE GANG (Abb. 24.2)

Für den 1. Gang wird nur die Vorwärtskupplung K 2 eingerückt; somit verläuft der Antrieb durch die lange Vollwelle zum Kegelrad A. Wegen des Rollwiderstandes, der die Abtriebswelle veranlaßt, sich der Drehung zu widersetzen, versucht zunächst das getriebene Doppelkegelrad B/C den

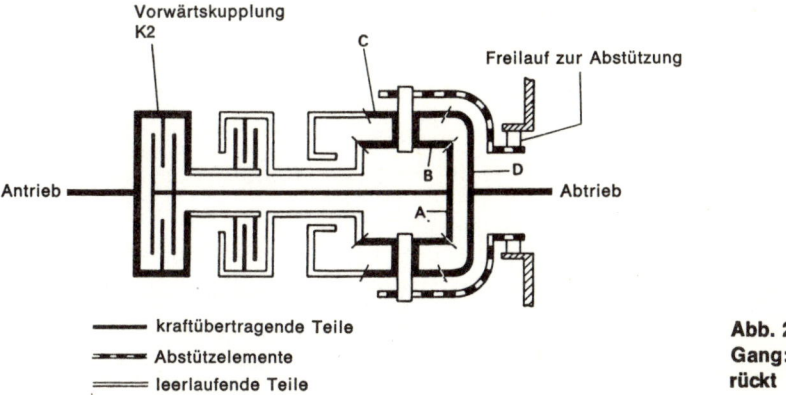

Abb. 24.2 Erster Gang: K2 eingerückt

Planetenträger rückwärts anzutreiben. Der aber stützt sich in dieser Drehrichtung sogleich über den Freilauf am Gehäuse ab, stellt also das Reaktionsglied dar. So überträgt C schließlich doch sein Drehmoment auf Kegelrad D, das unmittelbar den Abtrieb bildet. Der Radsatz hat hier die Funktion eines reinen Stirntriebes A–B/C–D.

DER ZWEITE GANG (Abb. 24.3)

Wenn die Bandbremse für den 2. Gang zusätzlich zur K 2 angelegt ist, wird Kegelrad F zum Reaktionselement. Kegelrad A zwingt das Doppelrad B/C, um F herumzukreisen und seinerseits Kegelrad D mit einer Drehzahl anzutreiben, die sich aus der Drehung von C um die eigene Achse und derjenigen des Planetenträgers um die seine ergibt. Die Übersetzung dieses reinrassigen Planetensatzes errechnet sich nach dem Schema im Kapitel 23.

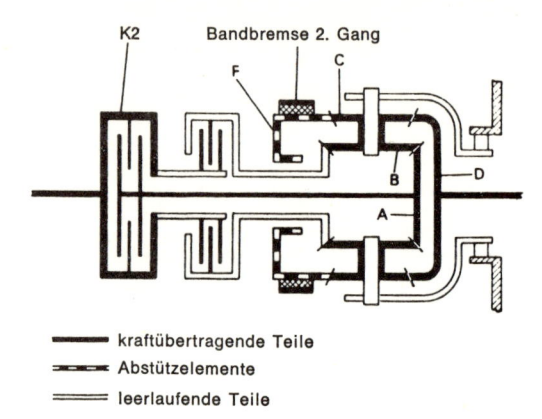

Abb. 24.3 Zweiter Gang: K2 eingerückt, Bandbremse 2. Gang angelegt

— kraftübertragende Teile
--- Abstützelemente
= leerlaufende Teile

DER DRITTE GANG (Abb. 24.4)

Für den 3. Gang ist ebenfalls außer der weiterhin eingerückten K 2 nur das zugehörige Bremsband anzulegen: Kegelrad E wird gebremstes Stützglied. Wieder muß das Doppelrad B/C um das Festrad herumlaufen und an das Abtriebsrad D eine der Summe seiner Umlaufbewegungen entsprechende Drehzahl weitergeben. Wie im 2. Gang bewegt sich das Räderwerk mit der typischen Eigenart von Planetengetrieben. Die Übersetzung bestimmt sich aus den verwendeten Zähnezahlen nach der in Kapitel 23 gezeigten Methode.

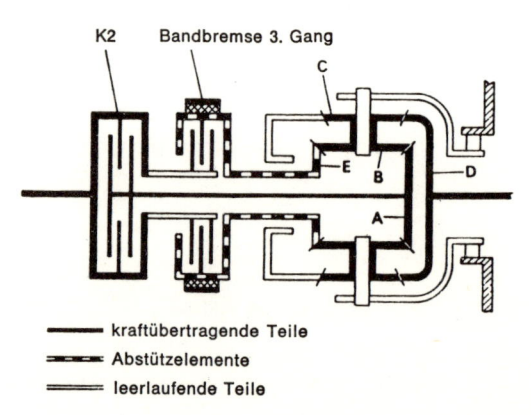

Abb. 24.4 Dritter Gang: K2 eingerückt, Bandbremse 3. Gang angelegt

— kraftübertragende Teile
--- Abstützelemente
= leerlaufende Teile

DER VIERTE GANG (Abb. 24.5)

Das Schließen der Kupplung K 1 zusätzlich zur K 2 bewirkt exakt das gleiche, was wir schon im vorigen Kapitel beschrieben; denn auch hier wollen die Räder A und E, deren Wellen fest mit einander gekoppelt sind, B in Drehung versetzen, was offensichtlich nicht möglich ist. So erhalten wir wieder ein komplettes Sperrwerk, bei dem An- und Abtrieb mit gleicher Drehzahl umlaufen.

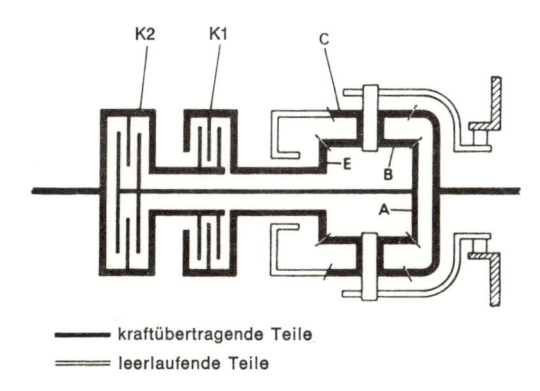

Abb. 24.5 Vierter Gang (direkt): K1 und K2 eingerückt

DER RÜCKWÄRTSGANG (Abb. 24.6)

Die Bandbremse für den Rückwärtsgang und K 1 bilden die Voraussetzungen dafür, daß der Planetenträger stillsteht und der Antrieb über den Hohlwellentrakt bei E in den Kegelradsatz mündet. Demzufolge werden B/C

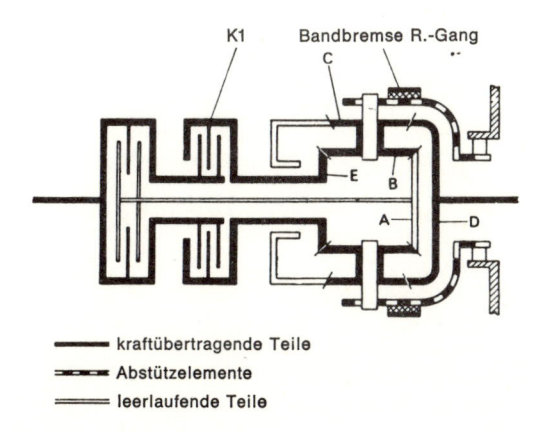

Abb. 24.6 Rückwärtsgang: K1 eingerückt, Bandbremse R.-Gang angelegt

und D angetrieben, wobei ihr Drehsinn entgegengesetzt zu dem Fall ist, wenn Rad A antreibt. Die Übersetzung entspricht wieder der des 1. Ganges.

DAS HYDRAULISCHE SYSTEM

Da dieses automatische Getriebe mit Wandler im Gegensatz zur früheren Ausführung als Einbaueinheit für die Ausrüstung verschiedener PKW-Modelle geschaffen wurde, erhielt es auch eigene, motorunabhängige Ölpumpen. Die Hauptpumpe für den Systemdruck treibt der Wandler direkt an, so daß bei laufendem Motor stets Drucköl verfügbar ist. An der Ausgangswelle befindet sich die Hilfspumpe, die fahrabhängig für den notwendigen Druck auf Kupplungen und Bandbremsen beim Anschleppen des Wagens zu sorgen hat. Wenn dann ausreichend Druck im System ist, übernimmt die Hauptpumpe, und die Hilfspumpe (Sekundärpumpe) läuft leer mit.
Die Steuerung des »Längsmotor«-Automaten ist wie diejenige für die Quermotor-Ausführung angelegt mit dem Unterschied, daß zur Überlagerung der Reglerkräfte nicht das Gasgestänge, sondern der Saugrohr-Unterdruck verwendet wird. Eine dünne Rohrleitung zum Saugrohr eines fremden Motors ist in jedem Fall einfacher unterzubringen als eine mechanische Verbindung mit dem Gasgestänge.

25. Hydrostatische Antriebe

Von hydrostatischen Getrieben oder Kraftübertragungen spricht man, wenn der Fahrzeugmotor seine ganze Leistung einer Ölpumpe zuführt, von welcher die Energie als hochgespanntes Drucköl über ein Leitungsnetz an einen oder mehrere Ölmotoren fließt. Diese Ölmotoren bringt man gern so nahe wie möglich an den Antriebsrädern des Fahrzeugs unter. Die Ölpumpen und -motoren solcher hydrostatischer Antriebe für Straßenfahrzeuge sind in der Regel Kolbenmaschinen mit identischem inneren Aufbau. Verwendet man Pumpe und Motor gleicher Abmessungen, so ist deren Drehzahl ebenfalls gleich groß, und man benötigt ein entsprechendes Untersetzungsgetriebe zur Drehzahlanpassung. Macht man dagegen den Motor wesentlich größer als die Pumpe, so kann er entsprechend langsamer laufen, und man könnte unter günstigen Umständen ganz auf eine Stirnradstufe verzichten. Nur werden solche Motoren derartig massig und platz-

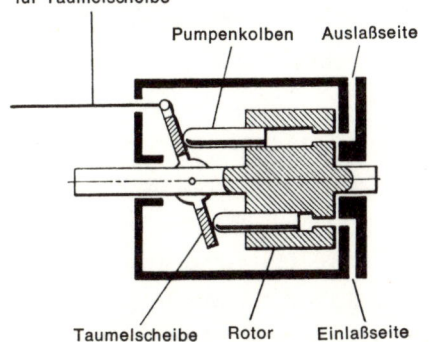

Abb. 25.1 Hydrostatikpumpe mit verstellbarem Hub

raubend, daß es allgemein besser ist, die Simplizität des rein hydrostatischen Antriebs zu opfern und ihn vernünftigerweise mit einem Zahnradsatz zu kombinieren.

Bei dem zunächst betrachteten hydrostatischen System ist das Verhältnis von Pumpen- zu Motordrehzahl konstant, und das ganze Arrangement von Pumpe, Leitungen und Motoren ersetzt letzten Endes nur die mechanischen Übertragungsteile, also Antriebs- oder Kardanwelle. Das kann bei Spezialfahrzeugen oder auch aus Platzgründen — um wichtigen Fahrgastraum zu sparen — von Vorteil sein. Soll der Hydrostat dagegen auch Übersetzungsänderungen ermöglichen, so muß man das Zylindervolumen der Pumpe, ggf. auch die der Ölmotoren, variabel gestalten — je nachdem, wie groß der Gesamtsprung sein soll. Eine Methode der Volumenänderung zeigt Abb. 25.1. Der Rotor der Pumpe enthält eine Anzahl federbelasteter Kolben, die in entsprechenden Zylindern rund um die Antriebswelle und parallel zu ihrer Achse angeordnet sind. Sobald die Welle umläuft, werden die Kolben von der Bewegung einer Taumelscheibe, in welcher sie gelagert sind, zu einer Auf- und Abbewegung im Zylinder gezwungen. Dabei saugen sie einerseits Öl an und drücken es andererseits ins Leitungsnetz.

Den Kolbenhub und demnach das verdrängte Zylindervolumen der Pumpe verändert man, indem man die Taumelscheibe mehr oder weniger schräg zur Achse stellt. Die Förderleistung variiert von Null — wenn die Scheibe senkrecht zur Welle steht — bis zu einem Höchstwert bei größtmöglicher Schrägstellung. Verschränkt man die Scheibe aus der senkrechten (Neutral-)Stellung, so wird allmählich Leistung übertragen; eine besondere Kupplung ist nicht erforderlich. Solange die Taumelscheibe nur wenig schräg steht, sind die Kolbenhübe kurz und die Pumpe muß viele Umdrehungen machen, um eine Umdrehung am Ölmotor zu bewirken. Das entspricht einem stark untersetzten Antrieb oder dem 1. Gang eines Schaltgetriebes. Mit zunehmendem Tempo wird die Schrägstellung der Taumelscheibe stufenlos vergrößert, so daß der Fahrzeugmotor über den ganzen Geschwindigkeitsbereich stets unter günstigen Betriebsbedingungen arbeiten kann. Bei größter Taumelstellung, wenn das Pumpenvolumen dem Inhalt der Ölmotorzylinder gleicht, ist der »direkte« Gang erreicht. Die Übersetzungsänderungen spielen sich somit stufenlos und ohne Zugkraftunterbrechung an den Rädern ab, und die sehr simple Verstellung kann, wenn man will, auch automatisch gesteuert werden.

Den Rückwärtsgang erhält man, wenn man die Taumelscheibe nach der entgegengesetzten Richtung verschränkt und Pumpe und Motor aus dem Synchronlauf bringt. Der Ölmotor dreht sich dann in umgekehrter Richtung. Der verfügbare Gesamtsprung läßt sich erweitern, indem auch der oder die Ölmotoren mit veränderlichem Volumen ausgeführt werden. Doch das macht die Anlage natürlich komplizierter und teurer.

Das hydrostatische Prinzip konnte bereits in vielen Fahrzeugen vom Motorroller bis zu schweren Erdbewegungsmaschinen erfolgreich realisiert werden, und auch außerhalb des Fahrzeugsektors gibt es eine Reihe von Anwendungsgebieten. Will man allerdings ergründen, warum es trotz seiner offensichtlichen Vorzüge nicht noch viel weiter verbreitet ist, so muß man sich mit seinem Wirkungsgrad etwas gründlicher befassen.

Die Wirkungsweise von Pumpe und Ölmotor beruht auf dem Öldruck und seiner Übertragung von einem Aggregat zum anderen. Auf diesem Wege sind zwei Energieumsetzungen erforderlich, nämlich einmal in der Pumpe von mechanischer in hydraulische und dann im Motor von hydraulischer in mechanische Energie. Verlustfreie Umsetzung gibt es nicht, stets wird auch ein Teil der zu übertragenden Energie in Wärme umgewandelt, und der Gesamtwirkungsgrad einer Anlage ist das Produkt aus allen Einzelwirkungsgraden. Haben z. B. Pumpe und Motor je 80 % Wirkungsgrad, so beträgt die Effektivität nur 64 % oder der Verlust 36 %.

Vergleichsweise sind Reibungskupplungen und mechanische Radsätze wesentlich günstiger im Wirkungsgrad, in den Herstellkosten und in der Wartung. Dennoch ist das hydrostatische Prinzip reizvoll genug, um weitere Entwicklungsarbeit zu rechtfertigen, nachdem man mit den bereits verwirklichten Anwendungsfällen reichliche Erfahrungen gewonnen hat.

Die britische Firma Lucas bietet ein sehr kompaktes Gerät als »Getriebe-Ersatz« an, bei welchem Pumpe und Motor unmittelbar aneinandergrenzen und Ein- und Ausgangswelle sich wie in konventionellen Getrieben ohne Achsversatz gegenüberliegen. Durch diese Anordnung umgeht man alle außenliegenden Ölleitungen und ihre Verbindungsstellen, die sonst wegen der sehr hohen Arbeitsdrücke problematisch sind. Ein Fahrzeug mit diesem Aggregat verlangt natürlich eine normale Kardanwelle und den üblichen Achsantrieb mit Untersetzung, doch ist es denkbar, daß sich hier ein brauchbarer Kompromiß anbietet: ein Antrieb mit einer Anzahl stufenlos veränderlicher, automatisierbarer Übersetzungen.

In diesem Zusammenhang ist es wichtig zu bedenken, daß die Frage des Wirkungsgrades und des damit verbundenen Mehrverbrauches bei Fahrzeugen mit sehr geringen Fahrstrecken, also z. B. im Nah- und Werksverkehr, keine so entscheidende Rolle spielt wie etwa im Fernverkehr der Schwerlaster, die so viel Brennstoff verbrauchen, daß schon kleine Wirkungsgraderhöhungen zu fühlbaren Kosteneinsparungen führen.

26. Alternative Antriebssysteme

Wir haben nun eine Menge Seiten damit gefüllt, die verschiedenen Mittel zu erläutern, mit deren Hilfe wir versuchen, den offensichtlich ungünstigen Drehmomentverlauf unserer Verbrennungsmotoren dem Fahrbetrieb besser anzupassen. Die hervorragenden Kupplungen und Getriebe, die im Verlaufe einer langwierigen Entwicklung entstanden, sind ein Beweis für das Können und die Geschicklichkeit ungezählter Konstruktions- und Versuchsingenieure. Es gelang ihnen, auf der Suche nach vernünftigen und brauchbaren Kompromissen Lösungen zu finden, von denen eine ganze Anzahl heute auch in den Händen ausgesprochener Laien zufriedenstellend arbeitet. Ungeachtet des Erfolges, den diese Kraftübertragungen erzielten, hat es zu allen Zeiten einige Enthusiasten gegeben, die sich mit der Erforschung und Untersuchung anderer Antriebsquellen befaßten. Antriebsquellen, die besser geeignet erschienen für die komplexen Aufgaben des Fahrzeugbetriebs, für das Anfahren aus dem Stillstand, das Beschleunigen auf die passende Fahrgeschwindigkeit und die Bereitstellung von genügend Drehmoment für die steilsten Bergstraßen, die das Fahrzeug noch schaffen soll.
In dieser Schlußbetrachtung wollen wir deshalb noch kurz auf einige solcher Alternativen zum Verbrennungsmotor eingehen.

DAMPF

Die Dampfmaschine erhält ihre Energie aus einem separaten Dampfkessel, so daß schon bei sehr niedrigen Geschwindigkeiten, ja selbst bei stillstehender Kurbelwelle, hohe Kräfte auf den Kolben wirken bzw. erhebliche Drehmomente am Abtrieb bereitgestellt werden können. Durch entsprechendes Umsteuern der Dampfventile kann sogar die Drehrichtung umgekehrt werden; also ist ein besonderer Rückwärtsgang nicht erforderlich. Theoretisch wenigstens braucht man demnach weder Kupplung noch Getriebe. Neuere Vorstöße in Richtung auf eine mögliche Wiedergeburt des einst attraktiv gewesenen Dampfbetriebes zeigten jedoch, daß der Motor bei vorübergehendem Anhalten weiterlaufen und man ihn deshalb auskuppeln muß. Ferner, daß ein kleiner, leichter und schnellaufender Dampfmotor eben doch irgendein Untersetzungsgetriebe benötigt. Im Interesse des Wirkungsgrades empfehlen sich auch Kondensatoren im Wasser- und Dampfkreislauf; man braucht Behälter für Wasser und Brennstoff; das Wasser muß zudem frostgeschützt sein. Bevor man wegfahren kann, will der Dampf zuerst einmal erzeugt sein, und das gibt — gemessen am Verbrennungsmotor — unerwünschte Wartezeiten. Anscheinend müssen auf viele Fragen noch die Antworten gefunden werden, bevor sich die Träume der Dampf-Verfechter in produktionsreife Konstruktionen für den Straßenverkehr verwandeln lassen.

ELEKTRIZITÄT

Ähnlich hohe Anfahrmomente gehören zu den Vorzügen des Elektroantriebs, und dazu noch sein geräuschloser und abgasfreier Lauf. Wie leistungsfähig diese Antriebsart im Verkehr sein kann, haben wohl am ehesten die Oberleitungsbusse demonstriert, deren Energie aus dem Netz direkt bis zur Straße kam. Nachteilig waren hohe Kosten und Gewicht der elektrischen Ausrüstung und die eingeschränkte Bewegungsfreiheit im Bereich der Oberleitungen, und leider verschwinden die O-Busse deshalb allmählich wieder, nachdem ihr Start einst vielversprechend war.
Batterien als Energiespeicher sind massig, schwer und zu rasch nachladebedürftig, um für andere als eine bestimmte Kategorie von Nahverkehrsmitteln geeignet zu sein. Die Zukunft des Elektroantriebs im Straßenverkehr hängt jedenfalls noch sehr von der Entwicklung leichterer, leistungsfähiger Batterien oder einer drahtlosen Übertragung von außen herangeführter elektrischer Energie ab.

AUFGELADENER MOTOR

Weiter wäre da noch eine Möglichkeit, durch welche die Leistung eines Verbrennungsmotors in einer für den Fahrbetrieb geeigneteren Form abgegeben wird. In vielerlei Hinsicht wäre eine Version des Verbrennungsmotors interessant, die über ihren gesamten Drehzahlbereich konstante

Leistung abzugeben vermag. Das bedeutet jedoch, daß z. B. bei niedrigen Drehzahlen das Drehmoment entsprechend groß sein müßte, um die Normleistung zu erreichen. In diesem Bereich müßten also hohe Arbeitsdrücke herrschen, die dann mit steigender Drehzahl abfallen dürften.

Eine fast perfekte Weise, wie dies automatisch herbeigeführt werden kann, zeigt unsere Abbildung 26.1. Zwischen den Motor und einen Wandler ist ein Planetenradsatz derart eingeschaltet, daß der Planetenträger von der

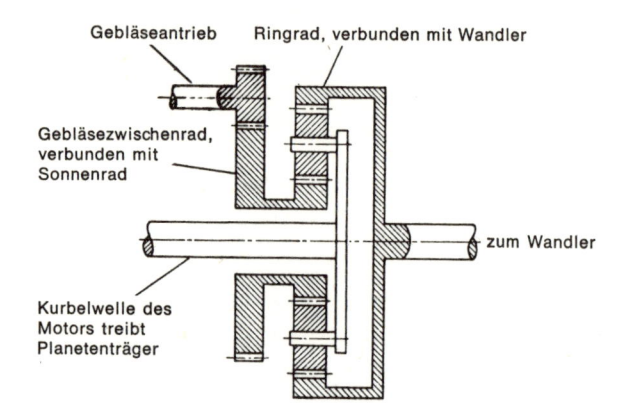

Abb. 26.1 Differentialgetriebe für Gebläse- und Wandlerantrieb (Leistungsteilung)

Kurbelwelle, das Gebläse vom Sonnenrad und der Wandler vom Ringrad angetrieben wird. Im Gegensatz zu jedem bisher beschriebenen Planetengetriebe gibt es hier keine Abstützung über ein Reaktionsglied. Vielmehr muß sich das Eingangsdrehmoment im Verhältnis der jeweils herrschenden Widerstände am Gebläse- und am Wandlerantrieb auf diese beiden Aggregate aufteilen.

Haben wir z. B. wegen erschwerter Fahrbedingungen an den Rädern einen erhöhten Bedarf an Drehmoment, so verringert sich das Tempo und mit ihm die Drehzahl des Wandlers und des Ringrades relativ zum treibenden Planetenträger, wodurch das Sonnenrad und damit das Gebläserad schneller umläuft. Mit steigender Drehzahl aber fördert das Gebläse unter höherem Druck in die Zylinder des Motors und steigert dessen verfügbares Drehmoment an der Kurbelwelle. Der Motor kann sich demnach den erschwerten Bedingungen unverzüglich anpassen. Genauso in umgekehrter Richtung: Weniger Fahrwiderstand erlaubt dem Ringrad, sich schneller zu drehen, wodurch die Gebläsedrehzahl, der Füllungsdruck und das abgegebene Drehmoment absinken. Die Leistung bleibt dann trotz erhöhter

Motordrehzahl konstant. Bei dieser Anordnung gibt es noch eine Reihe variabler Größen, so daß die Funktion nicht nur, wie hier zur Vereinfachung angenommen, von den Drehzahlverhältnissen bestimmt wird.

Wenn man einen Motor in dieser Weise leistungskonstant halten will, dann spendiert man ihm einen Planetenradsatz, um Getrieberäder zu sparen. Was also hat man gewonnen? Die Antwort gibt ein Vergleich zwischen den Leistungsverlusten beider Ausführungen. Der Planetensatz muß in die Leistungsverzweigung nur etwa 10—15 % der Motorleistung einbringen, während durch ein »richtiges« Getriebe stets die volle Motorleistung hindurchgeht. Bei Annahme gleicher Wirkungsgrade in beiden Radsätzen sind die Verluste bei dem zuvor beschriebenen System viel kleiner als bei einem regulären Antriebsblock.

Da man grundsätzlich beim Verbrennungsmotor nicht ohne Kupplung auskommt, erfüllt eine Flüssigkeitskupplung bzw. ein Wandler diese Aufgabe noch am besten, und da man schon einmal auf einen Rückwärtsgang nicht ganz verzichten kann, ist es klug, für Notfälle auch wenigstens einen langsamen Gang mit vorzusehen. Haben wir unsere Aggregate mit Planetengetriebe und Gebläse, Wandler, Rückwärts- und Berggang erst einmal so weit komplettiert, dann stehen wir bereits vor einem ansehnlichen Übertragungsaufwand, den wir ja eigentlich vermeiden wollten. Immerhin hat dieses System für ganz spezielle Anwendungsfälle durchaus reale Chancen.

Ausblicke

Wir haben in diesem abschließenden Kapitel darauf hingewiesen, daß es tatsächlich Alternativen zum herkömmlichen Verbrennungsmotor und seinem Getriebe gibt. Manche von ihnen aber werden erst durch die Entwicklung neuer Werkstoffe und Techniken konkurrenzfähig sein können, und manchen fehlt vielleicht nur noch der mutige, selbstbewußte Promoter, der die Vorzüge des Neuen ins rechte Licht rückt wie einst der britische Major Whittle, als er den Experten klarmachte, daß Gasturbine und Düsenantrieb einem modernen Flugzeug besser anständen als Kolbenmotor und Propeller.

Welchen Weg die Entwicklung der Kraftübertragungen aber auch immer nehmen mag, ohne Zweifel werden sich dem Ingenieur zu jeder Zeit genügend interessante Aufgaben stellen, um aus der Antriebsleistung der Maschine nutzbare Zugkraft werden zu lassen.

Ein Wirkungsfeld für helle Köpfe und mutige Unternehmer!

mot auto-journal hilft weiter...

Die Zeitschrift mit den harten Tests

mot auto-journal ist eine Zeitschrift für Männer, deren Interesse sich nicht nur auf das Äußere eines Autos beschränkt. Eine Zeitschrift für Praktiker, die sich nicht scheuen, auch selbst mal eine Reparatur am Wagen durchzuführen. mot-Leser sind Männer, die sich nie an Kummer mit dem Wagen gewöhnen können — weil sie ihn kaum kennen. Männer, die einfach Spaß am Autofahren haben, und die alles tun, um sich diesen Spaß auch zu erhalten. mot-Leser besitzen die Voraussetzungen dazu, sie wissen Bescheid. Eben weil sie mot auto-journal lesen.

mot auto-journal erscheint 14-täglich · Preis DM 2.20

mot auto-journal für Männer, die mehr über Autos wissen wollen.

Vereinigte Motor-Verlage GmbH & Co KG · 7000 Stuttgart 1 · Leuschnerstr. 1 · Postfach 1042 · Telefon 2142-1

Auch diese Bücher werden Sie interessieren

Fischer/Kümmel
AUTOTECHNIK — AUTOELEKTRIK
Weit über 300 Details behandelt dieses Buch — Begriffe, hinter denen eine interessante Technik steht. Die Autoren erklären klipp und klar, worum es geht. Mit Hilfe vieler Bilder und Zeichnungen, die schnell erkennen lassen, worauf es ankommt. Ein Buch für alle, die sich umfassend über die Autotechnik und Autoelektrik informieren wollen.
300 Seiten, 370 Abbildungen, glanzkaschiert DM 24,—

Blunsden/Phipps
FORD GRAND PRIX-MOTOREN
Donner aus 8 Zylindern
Dies ist die Geschichte eines berühmt gewordenen Formel-I-Triebwerks und die Geschichte der Männer, die es erdachten und bauten, die damit Rennen bestritten und damit siegten. Dies ist die Geschichte des legendären Ford V-8-Motors, der 1967 beim Großen Preis der Niederlande im Lotus 49 von Jim Clark seine Feuertaufe bestand.
232 Seiten, 38 Abbildungen, Leinen   DM 28,—

Leverkus
HONDA-MOTOREN CB 750 CB 450 CB 350 und 250
Pflege — Wartung — Reparaturen
In diesem Buch hat sich Ernst Leverkus den Honda-Motoren angenommen, um allen Motorrad-Fahrern zu zeigen, was bei der technischen Betreuung wichtig ist. Es ist eine allgemeine Anleitung geworden, die dem Honda-Fahrer weiterhelfen soll, die aber auch dem an der Motorentechnik Interessierten Einblick in diese erfolgreiche Baureihe gewährt.
80 Seiten, 107 Abbildungen, glanzkaschiert DM 18,—

Benzing
RENNMOTOREN IM EXAMEN
Triebwerktechnik und -Funktion
Ein solches Werk wurde von Technikern, Motorsportlern und Motorsport-Begeisterten bislang vermißt. Der Autor bietet hier eine Fülle von Fakten, Daten und Zahlen über Renntriebwerke und sportliche Serienmotoren. Mehr als 30 Diagramme, Motorenquerschnitte, Wirkungsgraddarstellungen, Leistungskurven und Triebwerkfotos untermauern die fachmännischen aber verständlichen Aussagen.
200 Seiten, 46 Abbildungen, Leinen   DM 26,—

Selbstverständlich aus dem
MOTORBUCH-VERLAG
STUTTGART

7000 Stuttgart 1 · Postfach 1370